Angular

Webアプリ開発 スタートブック

大澤文孝［著］

本書ご利用にあたっての注意事項

- 本書中の会社名・ソフトウェア名・サービス名等は、該当する各社の商標または登録商標です。本書中では™および®©は省略させていただきます。
- 本書の内容は執筆時点においての情報であり、予告なく内容が変更されることがあります。また、本書に記載されたURLは執筆当時のものであり、予告なく変更される場合があります。
- 本書の内容の操作によって生じた損害、および本書の内容に基づく運用の結果生じたいかなる損害につきましても株式会社ソーテック社とソフトウェア開発者/開発元および著者は一切の責任を負いません。あらかじめご了承ください。
- 本書で解説している開発環境はWindows10、macOS High Sierra、Angular 5、Node.js 8.10.0 LTS、Visual Code Studio 1.21で動作確認しています。ソフトウェアのバージョン、URL、それにともなう画面イメージなどは原稿執筆時点のものであり、変更されている可能性があります。最新情報はソフトウェア開発元のサイトでご確認ください。
- 本書の内容の操作の結果、または運用の結果、いかなる損害が生じても、著者ならびに株式会社ソーテック社は一切の責任を負いません。本書の制作にあたっては、正確な記述に努めていますが、内容に誤りや不正確な記述がある場合も、当社は一切責任を負いません。

はじめに

昔のWebシステムは、「何か入力してボタンをクリックすると、次のページが表示される」というように、ボタン操作によって画面が変わる、とてもシンプルな仕組みで構成されていました。しかしいまでは、タブをクリックすると画面の一部が切り替わったり、テキストボックスが未入力のときは、すぐにエラーメッセージが表示されたり、マウスでドラッグして操作できたりするなど、さまざまな動きに応じた反応ができるようになりました。このような仕組みは、Webブラウザ上で実行されるJavaScriptのプログラムによって実現されています。

こうした、さまざまな動きに応じた反応ができるようなプログラムは複雑で、かつ、Microsoft EdgeやChrome、FirefoxなどのWebブラウザの種類の違いも考慮する必要があるため、開発がとても大変になります。

そうしたプログラミングの労力を軽減するのが、Angularです。Angularはブラウザ上で動くプログラムを作るためのフレームワークです。Angularを使うことで、とても短いプログラムを書くだけで、カンタンにさまざまな動きに応じた反応ができるプログラムを作ることができます。

本書は、Angularの基本的な使い方を示した書です。

Angularに限らず、フレームワークというものは、「ある仕組みがあり、その仕組みで定められた通りに書くことで全体を作り上げる」という、規則の集合体という側面があります。そのため自由気ままにプログラムを書くことはできず、決まった書式のファイルを用意したり、決まった形式のプログラムを書かなければならなかったりするのです。ですから最初の勉強には、少し時間がかかります。ですが、ひとたび習得してしまえば、あとはとてもカンタンです。決められた通りに、やりたい処理を書けばよいだけだからです。

こうしたフレームワークの特性もあり、本書では「Angularの動作の仕組み」と「何をどのような書式で記述しなければならないのか」という2点を重点的に解説する構成とし、例示するサンプルを通じて学べるようにしました。

Angularは比較的大きなフレームワークなので、全体の構造と仕組みがわからないと、なかなか理解が進みません。

本書がこれからAngularを始める人にとって、導入の指南書となれば幸いです。

2018年3月　大澤文孝

CONTENTS

Chapter 5

Chapter 9

サンプルプログラムのダウンロードについて

本書で解説するサンプルプログラムは、書籍サポートサイトからダウンロードできます。下記URLからアクセスしてください。

書籍サポートサイト
http://www.sotechsha.co.jp/sp/1197/

■ダウンロード可能なサンプルについて

ダウンロードできるサンプルコードには、のアイコンが付いています。

リスト 4-3-1 simple-form.component.ts

```
import { Component, OnInit } from '@angular/core';

@Component({
  selector: 'app-simple-form',
  templateUrl: './simple-form.component.html',
  styleUrls: ['./simple-form.component.css']
})
export class SimpleFormComponent implements OnInit {

  constructor() { }

  ngOnInit() {
  }

}
```

自分でコードを入力してエラーが出たら、サンプルをダウンロードし、どこに問題があったのか確認してみましょう。

■長いプログラムの表記について

本書に記載されたサンプルプログラムを解説するさい、一行に収まりきらない場合には、記号（↵）を伴う形で適宜改行しています。たとえば、以下のような長い記述の場合です。

```
<button (click)="addAnyway()" [disabled]="calcForm.invalid">CALC</ ↵
button>
```

プログラムをエディタで開き、見比べるときなどはご注意ください。

Angularって何？

AngularはGoogleを中心に開発されているオープンソースのフレームワークです。
このフレームワークを使うことで、動きのあるアプリケーションを手早く作れます。

Section 1-1

Angularとは何か

Webブラウザで入力するとすぐにデータが変わったり、データを並べ替えたり、マウスで操作できるようなインタラクティブなアプリケーションは、HTMLとCSS、そしてJavaScriptを組み合わせて構築されています。こうしたプログラミングは複雑で難しく、作るのに時間も手間もかかります。

プログラミングの労力を軽減するために使われるのが、各種フレームワークです。フレームワークは、アプリケーションの土台となるもので、さまざまな基本機能を提供します。

クライアントサイドのプログラミングを手助けする

Webアプリケーションは、「Webブラウザ」と「Webサーバ」から成り立っています。前者で動作するプログラムのことを「クライアントサイドプログラム」、後者で動作するプログラムのことを「サーバサイドプログラム」と言います。

Angularはクライアントサイドプログラムを手助けするライブラリです。つまり、Webブラウザ上で実行されるプログラムを作るときに使うものです（**図1-1-1**）。

図 1-1-1　Angularはクライアントサイドのプログラムを作るときに使うライブラリ

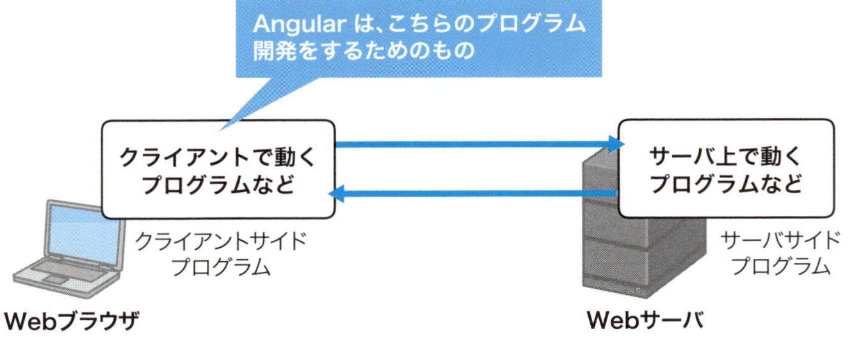

テンプレートとコンポーネントによるページ構成

Angularは平たく言うと、「テンプレート」と「プログラム」を分離し、テンプレートの定められた場所に、プログラムが管理するデータを差し込む仕組みで動くフレームワークです。Angularではテンプレートに結び付けられるプログラムのことを「コンポーネント」と呼び、テンプレートとコンポーネントとはほとんどの場合、1対1で対応します。

テンプレートとコンポーネント

テンプレートは、特殊なタグの利用が許可されたHTMLファイルです。たとえば、「{{mydata}}」とテンプレート中に記述しておくと、コンポーネントの「mydata」という項目（プロパティ）と結び付き、mydataに格納されているデータがそこに差し込まれます。

この連携機能は双方向です。たとえば「<input>」のような入力要素と、コンポーネントのプロパティとを結び付けておくと、ユーザーがテキストを変更すると、その変更がプロパティに反映されます。

この仕組みによって、プログラマが画面のデータを書き換えたり、ユーザーからの入力を受け取ったりするのが、とても簡単になっています。なぜなら、画面の一部の表示を変えたいときは、ただプロパティの値を変更すればよく、ユーザーの入力値を読み込みたいときも、結び付けられたプロパティの値を参照するだけで済むからです。

こうしたテンプレートの値とコンポーネントのプロパティとを結び付ける仕組みが、Angularの大きな特徴です（**図1-1-2**）。

図 1-1-2　テンプレートとコンポーネント

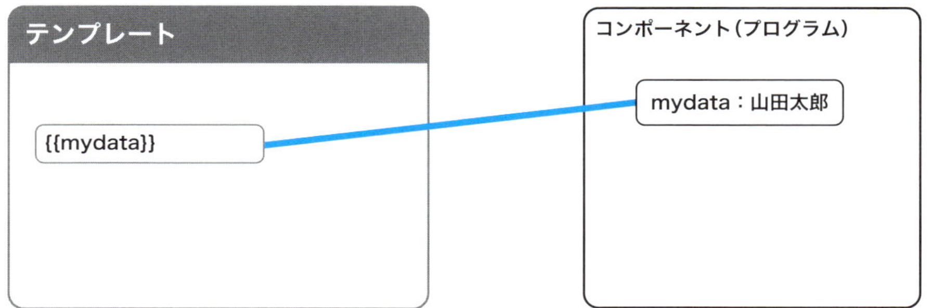

画面には「山田太郎」と表示される。ユーザーが「田中次郎」と入力したら、コンポーネントのmydataは「田中次郎」に変わる

サービス

簡単なアプリケーションであれば、テンプレートとコンポーネントだけでよいのですが、あるデータが複数のコンポーネントから参照されることもあります。たとえば、顧客の一覧表示ページと詳細表示ページがある場合、どちらも同じ「顧客」というデータを扱うことでしょう。そうしたとき、「顧客の一覧表示」と「顧客の詳細表示」のそれぞれのコンポーネントから、共通に利用できる「顧客情報の操作」というプログラムを利用できると便利です。

そうした構造がとれるように、Angularでは「**サービス**」というプログラムの概念があります。サービスは、コンポーネントから参照されるプログラムの塊で、コンポーネントに対して、さまざまなデータ操作を提供します。たとえば、顧客を扱う例であれば、顧客の参照・編集・削除などの機能をサービスに実装しておき、コンポーネントからはそのサービスを実行することで、さまざまな操作をします（**図1-1-3**）。

このようにサービスも含めた、「テンプレート」「コンポーネント」「サービス」の3つが、Angularのプログラムを構成する三大要素です。

図 1-1-3　テンプレート、コンポーネント、サービスの関係

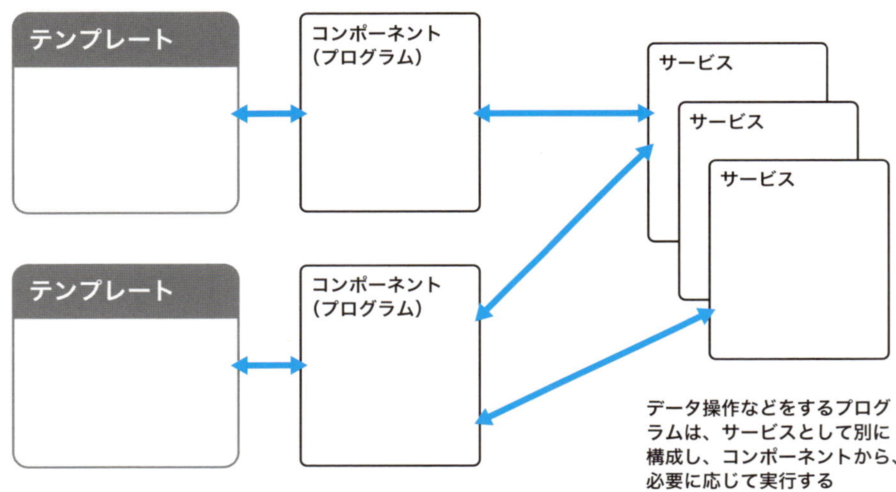
テンプレート
コンポーネント
（プログラム）
サービス
サービス
サービス
テンプレート
コンポーネント
（プログラム）
データ操作などをするプログラムは、サービスとして別に構成し、コンポーネントから、必要に応じて実行する
テンプレート（画面構成）とコンポーネント（制御するプログラム）はほとんどの場合、1対1で対応する

シングルページアプリケーション

Angularは、**シングルページアプリケーション**（SPA：Single Page Application）と呼ばれる形態のアプリケーションを作ることを目的としています。

多くのWebアプリケーションは、サーバ側にそれぞれのページに対応するプログラムやコンテンツを置き、リンクをクリックすることによって動作します。それに対してシングルページアプリケーションという構成では、プログラムやコンテンツがワンパッケージで構成され、最初にクライアント側にまとめてダウンロードされ、クライアント側で切り替えて表示されます（**図1-1-4**）。

そのためリンクをクリックしても、サーバへの通信が発生しないので、表示が高速です。また、うまく作ればオフラインでも利用できます。また改良して、デスクトップアプリなどに作り替えることも容易です。

Angularを使ってWebアプリケーションを作るときは、設計上シングルページアプリケーションであることを意識することが重要です。従来のように、リンクをクリックしたときに、サーバから都度、次のページを読み込むという構成ではないという点に注意してください。

図 1-1-4　シングルページアプリケーション

〈従来のアプリケーション〉

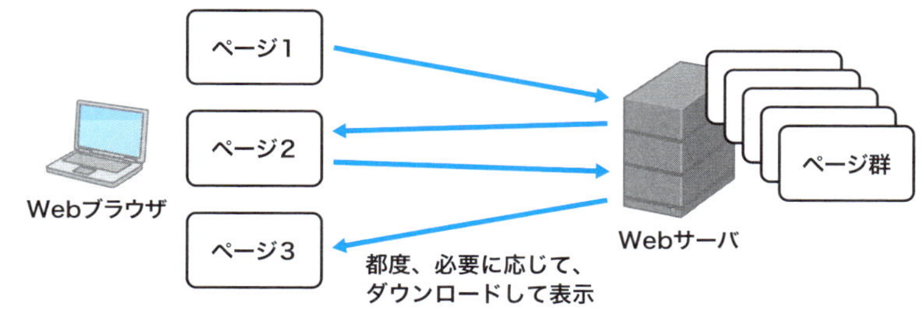

〈シングルページアプリケーション〉

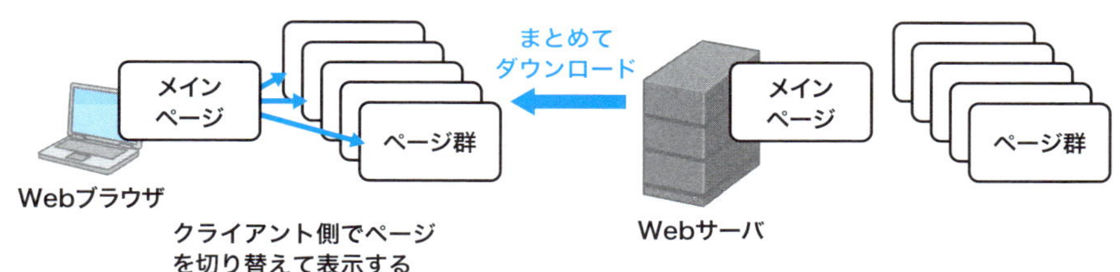

Angularでプログラムを作るには

Angularでは、「TypeScript」というプログラミング言語を使って開発します。TypeScriptはマイクロソフト社によって開発された、オープンソースのプログラミング言語です。JavaScriptを改良したもので、JavaScriptと互換性があります。JavaScriptに比べて厳格な文法になっており、プログラマが記述ミスをしたときに、それを発見しやすくする工夫や、構造化されたプログラミングができるように工夫されたりしています。先ほど説明したコンポーネントなどのプログラム要素は、TypeScriptを使って記述します。

プログラマが書いたTypeScriptのプログラム（コンポーネント）やテンプレートなどは、実行されるときには、JavaScript、HTMLなどの各種ファイルに変換されます。

Angularを使って作ったプログラムをWebブラウザで実行するには、必ずこうした変換が必要です。

Angularのフレームワークには、こうした変換機能を担うツールが同梱されています。そして、その変換ツールを実行するには「Node.js」というJavaScriptの実行環境が必要です（**図1-1-5**）。

開発に必要なもののインストール方法は、Chapter2で説明します。

図 1-1-5 Angularでプログラムを作るのに必要なもの

Angular	**Angular本体**
TypeScript	**Angularで採用されているプログラミング言語**
Node.js	**Angularに含まれるツールなどを動かすために必要なプログラム**

Section 1-2 Angularのメリット・デメリット

では、Webアプリケーション開発にAngularを使うメリット・デメリットは、どのようなものなのでしょうか？

Angularのメリット

Angularのメリットは、効率良くクライアントサイドのプログラムが作れるようになることです。

ページの構成をテンプレートとコンポーネントとして構成できるので、機能ごとの分離ができ、構造がシンプルになり、プログラムしやすくなります。とくに大きなプログラムを開発するときは、その効果は絶大です。

またシングルページアプリケーションとして構築するので、Webシステムとして作りつつも、デスクトップアプリへの転用も可能になります。

Angularのデメリット

デメリットは、3つあります。

❶ 初期導入への時間

ひとつは、初期導入までに時間がかかるという点です。何事でもそうですが、新しいものを導入するのですから、最初に勉強するための時間がかかります。フレームワークでは、プログラムの書き方やファイル名の規則、ファイル同士の連携を記述する設定ファイルの書き方など、決まり事があるので、そうした作法を習得する必要があります。

❷ フレームワークの制限

もうひとつは、フレームワークが対応しないことはできない、もしくはやりにくいという点です。シングルページアプリケーションの構築を目的としたフレームワークなので、そうではない構造のWebシステムを作ろうとすると、細かい部分で無理が生じます。

❸ アップデートの多さ

最後に、Angularのアップデートです。Angularは半年ごとに大きなバージョンアップをすることが予定されています。これはWebの新技術に対応し、フレームワークを陳腐化しないための取り組みで良いことなのですが、たとえば業務アプリケーションなどを一度作ったあと、改良せずに長い間使い続けていくような作り方をする場合は、半年ごとにバージョンアップされることにより旧バージョンで構築したシステムが陳腐化し、保守がしづらくなる可能性もあります。

Angularには、こうしたデメリットもありますが、それよりも**アプリケーションの作りやすさや開発効率の向上など、得られるメリットのほうが大きいはず**です。

Section 1-3 本書の構成

本書では、順を追ってAngularの基本、そして作ったアプリケーションをレンタルサーバなどのWebサーバに配置するところまでを説明していきます。

本書の内容は、次の通りです。

❶ Angularの基礎

Chapter2〜Chapter4で、Angularの基本を説明します。テンプレートやコンポーネントの書き方など、Angularの作法を説明します。

❷ 画面出力の基本と入力フォーム

Chapter5・Chapter6では、2つのテキストボックスを付けたページを用意し、入力された値を足し合わせるサンプル「足し算アプリ」を例にとり、画面への文字出力や入力フォームの取り扱い方を説明します。

この方法を習得すれば、データを入力する方法や正しくない書式のデータが入力されたときに警告メッセージを表示する処理などがわかります。

Chapter7ではリアクティブフォームと呼ばれる、入力データをコンポーネント側で管理する方法を説明します。そしてChapter8では、チェックボックスやラジオボタン、ドロップダウンリストなど、テキスト入力以外のコントロールの扱い方を説明します。

❸ 実用的なアプリケーションを作る仕組み

Chapter9では、複数ページで構成されるアプリケーションを想定し、どのURLのときに、どのコンポーネントをユーザーに表示するのかを定め、ページ切り替えする方法を説明します。そして章の後半では、これまで習得した知識を活用して、料理レシピを表示するアプリを作ります。

Chapter10では、「一覧」と「詳細」など、親子関係をもつデータを表示する方法を説明します。

❹ インターネットのレンタルサーバで公開

Chapter11では、Angularで作ったアプリケーションをインターネットのレンタルサーバなどで動かすための方法を説明します。

なお、Angularは日々バージョンアップしているため、操作するときに表示されるメッセージや挙動などが、本書とは違う可能性があります。本書は執筆時点の最新版（2018年３月末）での動作確認をしています。

それでは次章から、さっそく学習をはじめていきましょう。

まずは、Anugarで開発するための開発環境作りからです。

開発環境を整えよう

アプリを作るには、開発環境の構築が必要です。まずは必要なソフトウェアをインストールしましょう。

Section 2-1

Angularアプリ開発の流れ

Chapter1で説明したように、Angularアプリはブラウザ上で実行されますが、開発者はブラウザ上で実行されるプログラムを直接記述するわけではありません。

TypeScriptというプログラミング言語でソースコードを記述し、それをビルドと呼ばれる変換作業をして、ブラウザで実行可能なHTMLファイルやJavaScriptファイルで構成されたAngularアプリを作るという流れになります（**図2-1-1**）。

図からもわかるように、開発に必要なのは、次の4つのソフトです。これらは開発者のコンピュータにだけインストールする必要があり、Webサーバや利用者のパソコンなどにインストールする必要はありません。

図 2-1-1　Angular開発の流れ

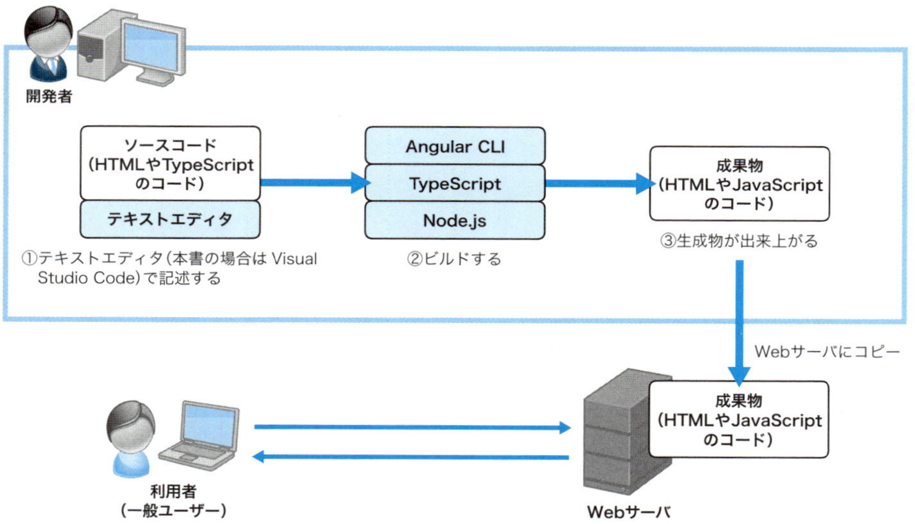

① テキストエディタ（Visual Studio Code）

ソースコードを編集するためのテキストエディタです。

② Node.js

TypeScriptやAngular CLIを実行するのに必要な基本となるソフトです。

③ TypeScript

TypeScriptを実行するのに必要なソフトです。

④ **Angular CLI**

Angular開発に必要なソフトです。

ソースコードを記述するためのエディタ

ソースコードを記述するには、テキストエディタが必要です。どのようなテキストエディタを使ってもかまいませんが、本書では、マイクロソフト社製のVisual Studio Codeというソフトウェアを使います。

このソフトウェアには、TypeScriptの文法を認識して強調表示したり、エラーを指摘したり、入力候補が表示されたりする便利な機能が備わっています（**図2-1-2**）。

Windows版、macOS版、Linux版があり、同社のサイトから無償でダウンロードして、インストールできます。

図 2-1-2　Visual Studio Codeを使って開発する

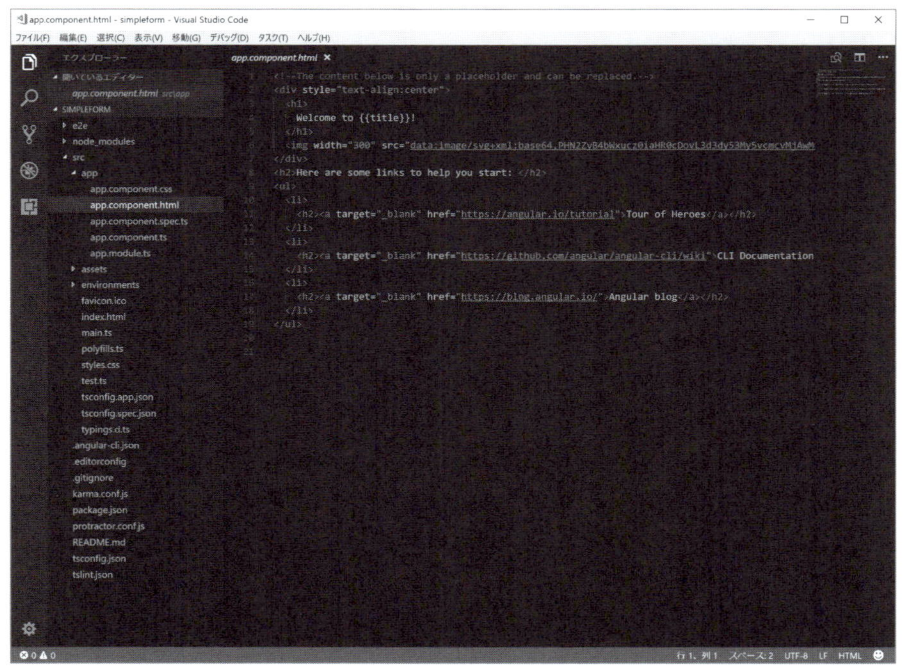

ビルドや実行に必要なNode.js

記述したソースコードをブラウザで実行できるようにするには、ビルドと呼ばれる変換作業が必要です。

Angularアプリ開発では、このとき2つのソフトが必要です。ひとつは「TypeScript実行環境」、もうひとつは、「Angular CLI」です。前者はTypeScriptを実行するために必要なソフトで、後者はAngularアプリに必要なプログラムやライブラリなど一式が入っているソフトです。

どちらも、JavaScriptをサーバ上で実行する環境である「**Node.js**」という環境で実行されるため、あらかじめ、Node.jsを開発環境にインストールしておく必要があります。Node.jsはオープンソースのソフトウェアとして配布されています。Node.jsをインストールしたあと、これら2つのソフトをインストールします。

MEMO

「ビルド（build）」は、「コンパイル（compile）」と呼ばれることもあります。コンパイルはプログラムの変換行為だけを示すのに対し、ビルドはコンパイルした後、それに付随する関連ファイル一式を必要な場所に配置するなどの行為も含んだ用語ですが、どちらもほぼ同じ意味で使われます。

MEMO

Angular CLIの「CLI」とは「Command Line Interface（コマンドラインインターフェイス）」の略です。コマンドラインインターフェイスとは、マウスなどを使ったグラフィカルな操作ではなく、キーボードからコマンドを入力することで実行する形態のことです。

Node.jsの簡易Webサーバ機能で動作テストする

Angular CLIに含まれているコマンドを使ってビルドすると、HTMLやJavaScriptなど、ブラウザで実行可能な最終生成物が出来上がります。これをWebサーバにアップロードして、ブラウザからアクセスすれば、Angularアプリが動きます。

しかしWebサーバを用意するのは手間ですし、ビルドするたびにWebサーバにコピーし直すのは面倒です。そこで**Angular CLIには、Node.jsの機能を使って、自分のパソコンをWebサーバとして動かす機能が備わっています。**この機能を使うと、ブラウザに「http://localhost:XXXX/」（XXXXはポート番号、詳しくはChapter3で説明）という特別なURLを入力するだけで、作ったAngularアプリを実行できるようになります。

開発中は、このAngular CLIが持つWebサーバ機能を使って動作確認し、最後にWebサーバに公開するという流れをとるのが一般的です（**図2-1-3**）。このようにすれば、別途Webサーバがなくても、Angularアプリを動作テストできます。本書では、この構成でAngularアプリを作成していきます。

MEMO

「localhost」とは、自分自身のコンピュータを示す、特別な名称です。

図 2-1-3　自分のパソコンのなかで、小さなWebサーバ機能を実行して動作テストする

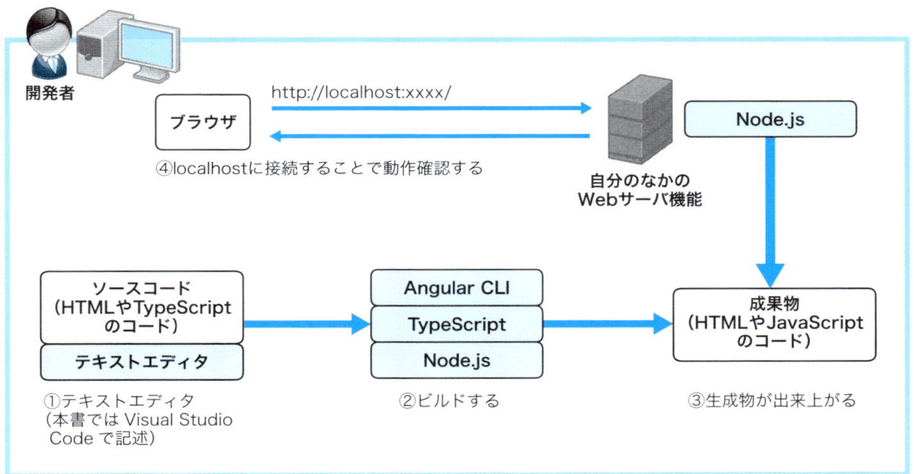

COLUMN

ディスクに保存したHTMLを直接開いても Angularアプリは動かない

　Angularアプリの生成物となるHTMLファイルやJavaScriptのプログラムをブラウザにドラッグ&ドロップするなどして開いても、うまく動きません。これはブラウザのセキュリティの既定の動作によって、ディスクに保存したHTMLファイルやJavaScriptを実行するときには、一部機能が制限されるからです。

　作ったAngularアプリを正しく実行するには、そのファイルをブラウザにドラッグ&ドロップして開くのではなく、何かしらのWebサーバを経由して開かなければなりません。

Section 2-2

Visual Studio Codeをインストールする

まずはテキストエディタとして、Visual Studio Codeをインストールしましょう。

Visual Studio Codeは、WindowsやmacOSのアプリケーションであり、インストーラをダウンロードし、画面の指示通りに進めるだけでインストールできます。

Visual Studio Codeのインストール

まずは公式サイトからダウンロードして、インストールしていきます。

Visual Studio Codeをインストールする

❶ インストーラをダウンロードする

ブラウザでVisual Studio Codeのサイトに訪れます。緑色のダウンロードボタンがあるので、クリックしてください（**図2-2-1**）。すると、ダウンロードが始まります。

MEMO

ダウンロードのボタンは、アクセスしたときのOSを判定して自動的に適切なものが選ばれるはずですが、もし、他のOS用のものをダウンロードしたいときは、ダウンロードボタンの右の［▼］から切り替えられます。なお、Visual Studio Codeは「Stable」と「Insiders」の２種類があり、前者が安定版、後者が開発途中版です。とくに理由がなければStableを選択してください。

Visual Studio Codeのサイト ▶ https://code.visualstudio.com/

図 2-2-1　Visual Studio Codeをダウンロードする

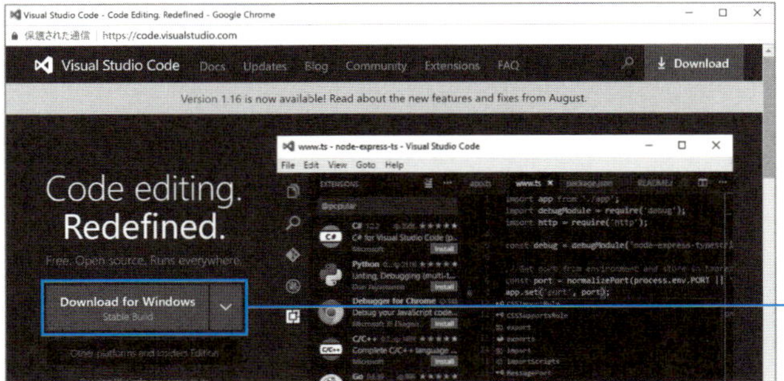

❷ インストーラを起動する

Windows版の場合、ダウンロードしたファイルは、**図2-2-2**に示すアイコンのファイルとなります（バージョン番号などは異なる可能性があります）。このファイルをダブルクリックして、インストールをはじめてください。

図 2-2-2　Visual Studio Codeインストーラのファイル

macOSの場合

macOSの場合、ダウンロードしたファイルは「VSCode-darwin-stable.zip」というZIP形式のファイルです（**図2-2-3**）。ダブルクリックして展開すると、「Visual Studio Code.app」というアイコンになるので、これを「アプリケーション」フォルダに移動すると、利用できるようになります（**図2-2-4**）。

「アプリケーション」フォルダに移動した、このアイコンをダブルクリックすれば起動できるので、Windowsで必要となる以降の作業は不要です。

図 2-2-3　ダウンロードしたZIP形式のファイル

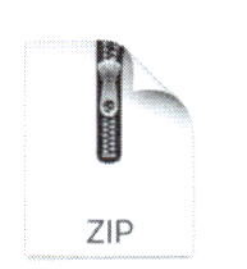

図 2-2-4　展開してできた「Visual Studio Code.app」

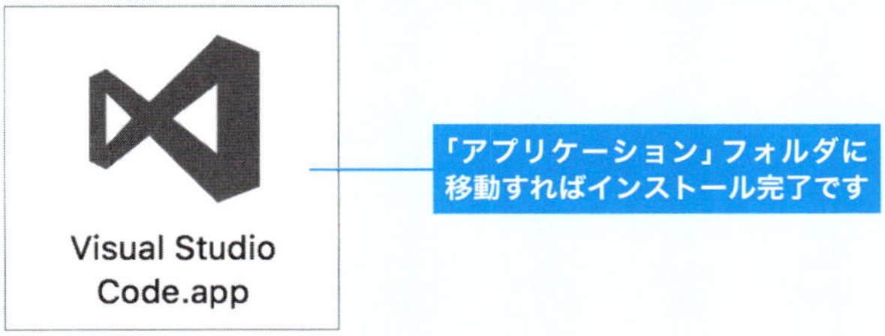

❸ セットアップウィザードを開始する

セットアップウィザードが開始します。[次へ] をクリックしてください（**図2-2-5**）。

図 2-2-5　セットアップウィザードを開始する

❹ 使用許諾契約書に同意する

使用許諾契約書が表示されます。[同意する] を選択し、[次へ] をクリックしてください（**図2-2-6**）。

図 2-2-6　使用許諾契約書に同意する

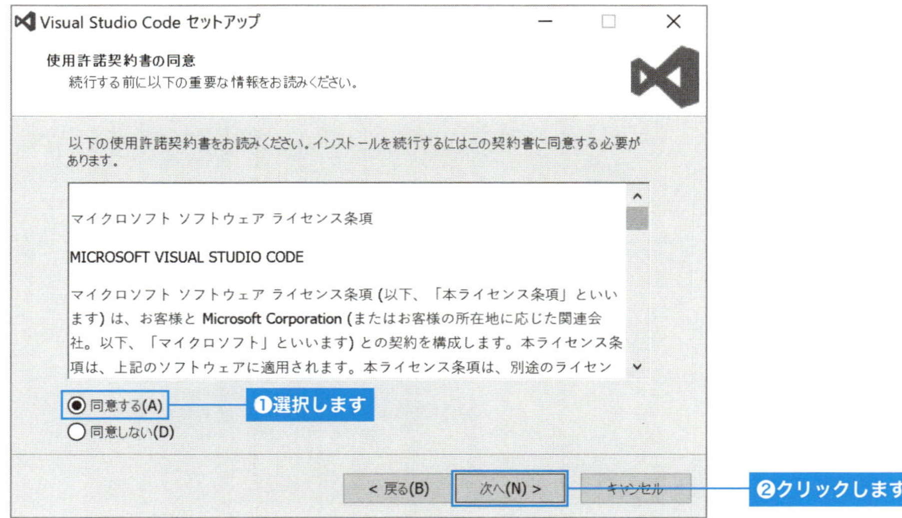

❺ インストール先を選択する

インストール先のフォルダを選択します。標準では「C:¥Program Files¥Microsoft VS Code」というフォルダにインストールされます。ほとんどの場合、変更する必要はないので、そのまま［次へ］をクリックしてください（**図2-2-7**）。

図 2-2-7　インストール先を選択する

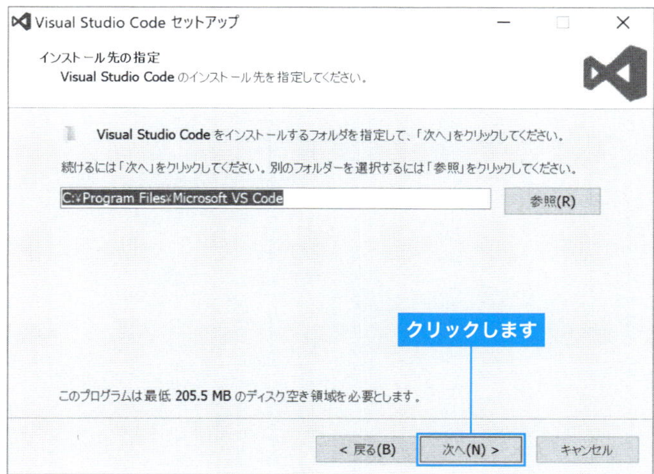

❻ ショートカットの作成の選択

スタートメニューに、Visual Studio Codeを起動するためのショートカットを作成するかを決めます。標準では作成するようになっています。そのまま［次へ］をクリックしてください（**図2-2-8**）。

図 2-2-8　ショートカットを作成するかどうかを決める

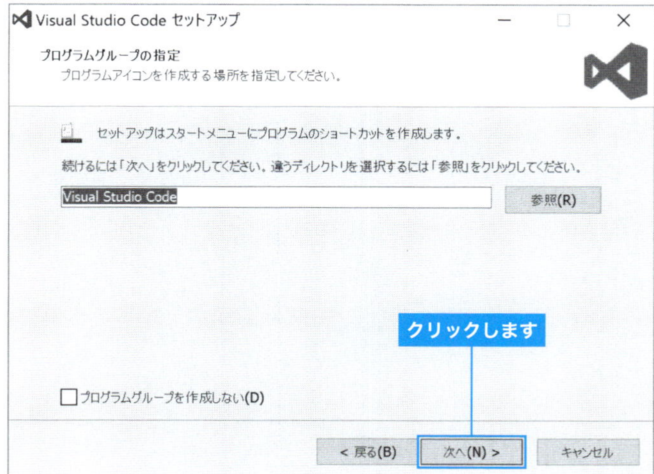

❼ アイコンやメニューの作成の選択

起動するアイコンやメニューを作成するかどうかを設定します。標準では、いくつかのチェックが付いていませんが、これらの機能は使ったほうが便利なので、すべてにチェックを付けて、［次へ］をクリックしてください（**図2-2-9**）。

図 2-2-9　アイコンやメニュー作成の選択

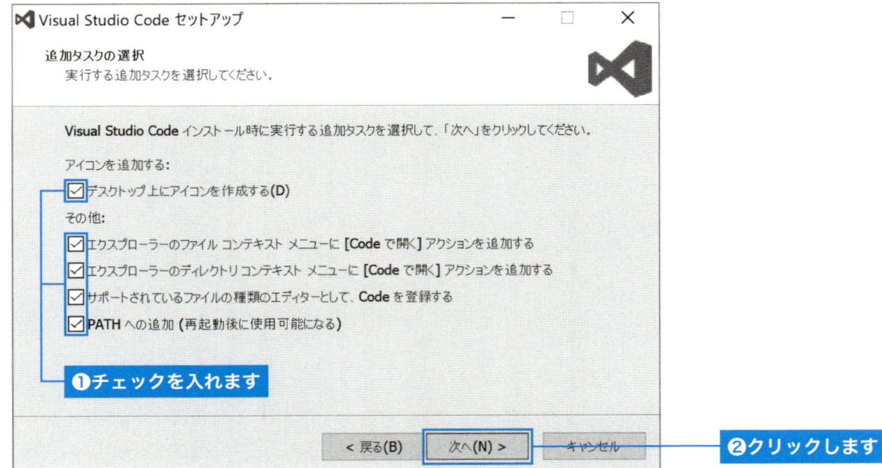

❽ 確認してインストール

最後に、ここまでの設定確認画面が表示されます。［インストール］をクリックして、インストールを開始してください（**図2-2-10**）。

図 2-2-10　インストールを開始する

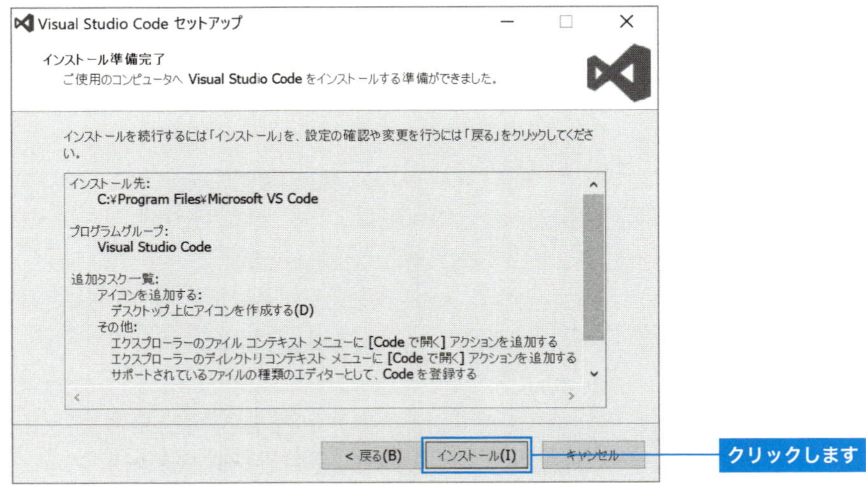

❾ インストールが完了した

しばらくすると、インストールが完了します。完了画面が表示されたら、そのまま［完了］ボタンをクリックして、操作を完了させてください（**図2-2-11**）。

この画面には、[Visual Studio Codeを実行する］というチェックボックスがあります。標準ではチェックが付いているので、そのままにしておいてください。

図 2-2-11　インストールの完了

Visual Studio Codeの初期設定

図2-2-11で、［Visual Studio Codeを実行する］というチェックボックスをオンにしておくと、［完了］をクリックしたときに、Visual Studio Codeが起動します。

起動したら、初期設定をしていきましょう。

MEMO

もし、［Visual Studio Codeを実行する］のチェックをオフにしていた場合には、［スタート］メニューなどから、Visual Studio Codeを起動してください。

「ようこそ」画面

はじめて起動したときには、「ようこそ」というメッセージや、そのバージョンの「リリースノート」が表示されます。これらは、タブの右側の☒をクリックして閉じると消えます（**図2-2-12**）。

図 2-2-12　ようこそ画面

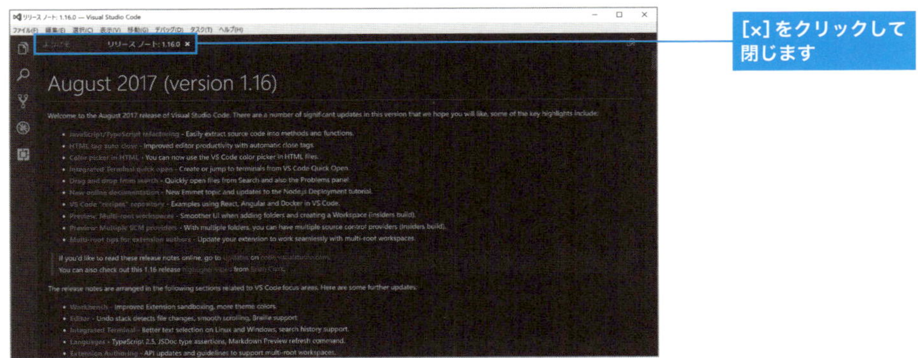

配色を変更する

初期設定では、背景色は黒ですが、他の配色に変更することもできます。変更するには、[ファイル] メニューから [基本設定] → [配色テーマ] を選択します（**図2-2-13**）。

すると、エディタの上中央に、「コマンドパレット」と呼ばれるメニューが開きます。さまざまな配色テーマが項目として表示されるので、好みの色を選んでください（**図2-2-14**）。

図 2-2-13　配色テーマを変更する

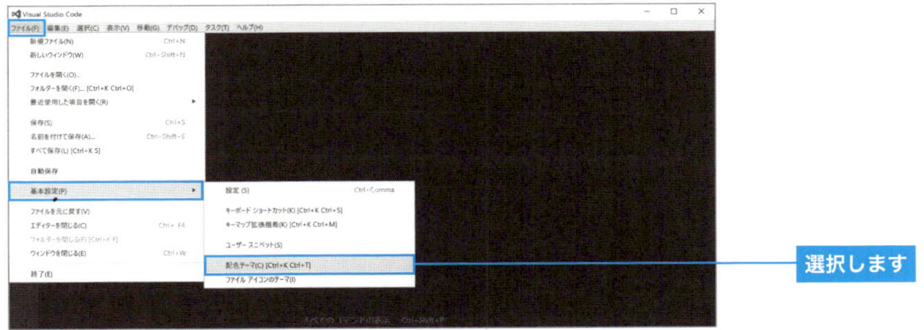

図 2-2-14　コマンドパレットから配色テーマを選択する

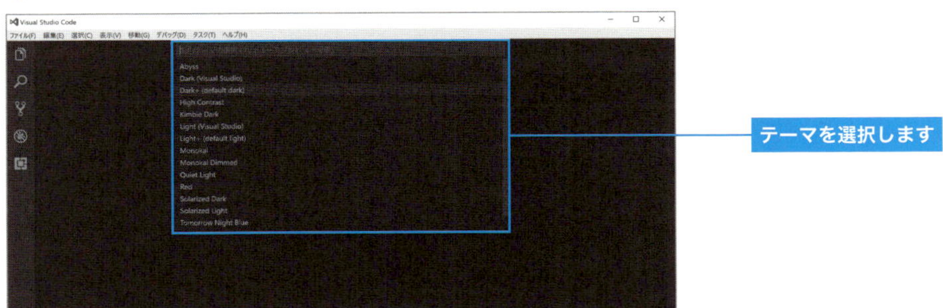

Section 2-3 Node.jsをインストールする

次に、JavaScriptの実行環境となるNode.jsをインストールします。

Node.jsのインストール

Node.jsは、次の手順でインストールします。

Node.jsをインストールする

❶ Node.jsのサイトからインストーラをダウンロードする

ブラウザでNode.jsのサイトに訪れます。「推奨版」と「最新版」のいずれかをダウンロードできます。前者は安定版、後者は開発途中版です。とくに理由がなければ、「推奨版」と記されている「LTS（Long Term Support）」をクリックしてダウンロードしてください（**図2-3-1**）。

MEMO

アクセスしたOSによって、自動的に最適なダウンロードボタンが表示されるはずですが、もし、他のOS用のものをダウンロードしたいときは［ダウンロード］のリンク（https://nodejs.org/ja/download/）をクリックすると、すべてのOS版を一覧から選択してダウンロードできます。

Node.jsのサイト ▶
https://nodejs.org/ja/

図 2-3-1　Node.jsをダウンロードする

❷ インストーラを起動する

64ビット版Windowsの場合、ダウンロードしたファイルは「node-vバージョン番号-x64.msi」というファイルです（**図2-3-2**）。このファイルをダブルクリックして、インストールをはじめてください。

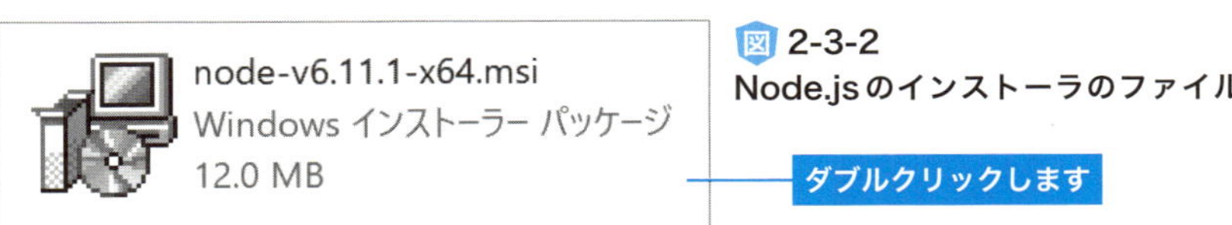

図 2-3-2
Node.jsのインストーラのファイル

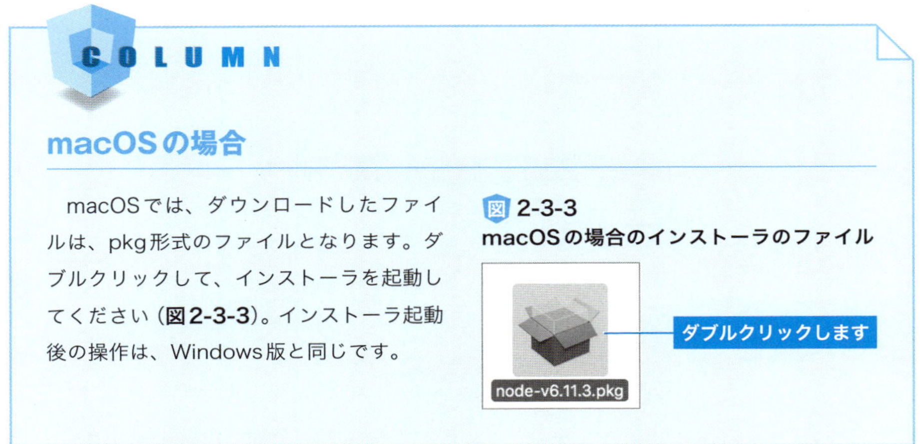

macOSの場合

macOSでは、ダウンロードしたファイルは、pkg形式のファイルとなります。ダブルクリックして、インストーラを起動してください（**図2-3-3**）。インストーラ起動後の操作は、Windows版と同じです。

図 2-3-3
macOSの場合のインストーラのファイル

❸ セットアップウィザードを開始する

セットアップウィザードを開始します。[Next] をクリックしてください（**図2-3-4**）。

図 2-3-4　セットアップウィザードを開始する

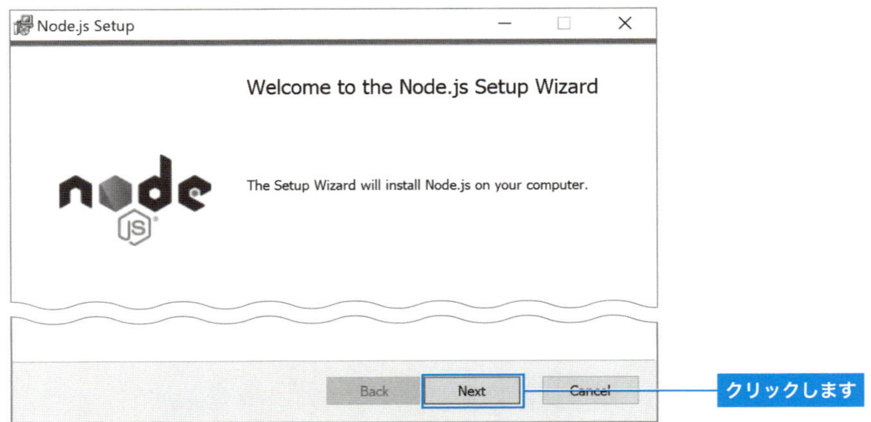

❹ エンドユーザーライセンスに同意する

エンドユーザーライセンスが表示されます。[I accept the terms in the License Agreement] にチェックを付け、[Next] をクリックしてください (**図2-3-5**)。

図 2-3-5　エンドユーザーライセンスに同意する

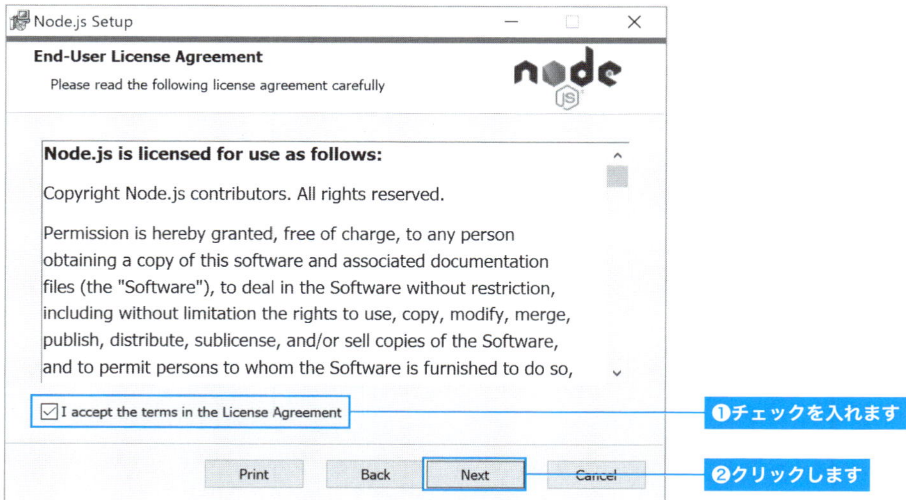

❺ インストール先を選択する

インストール先のフォルダを選択します。標準では「C:¥Program Files¥nodejs」というフォルダにインストールされます。ほとんどの場合、変更する必要はないので、そのまま [Next] をクリックしてください (**図2-3-6**)。

図 2-3-6　インストール先を選択する

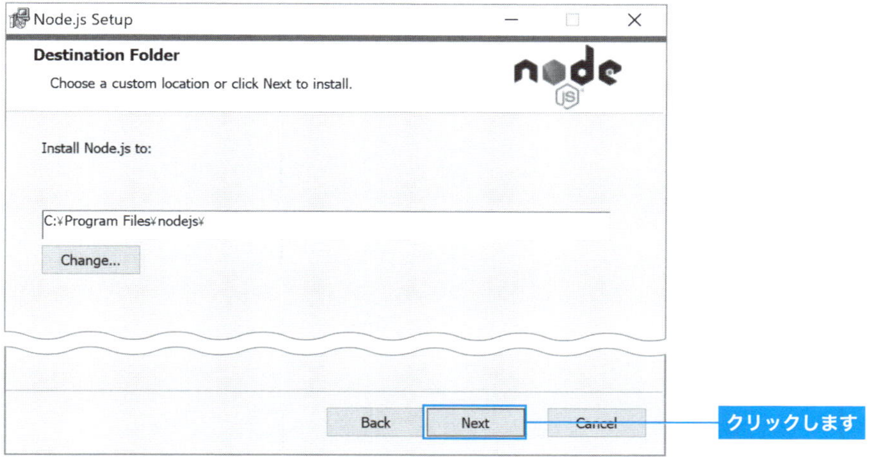

❻ インストールする項目の設定

インストールする項目が表示されます。標準構成では、「Node.jsの実行環境」「npmパッケージマネージャ」「オンライン説明文書へのショートカット」がインストールされます。加えて、「Add to PATH（ユーザー環境変数PATHへの登録）」という作業もなされます。このままの設定で問題ないので、[Next] ボタンをクリックしてください（**図2-3-7**）。

図 2-3-7　インストール項目の設定

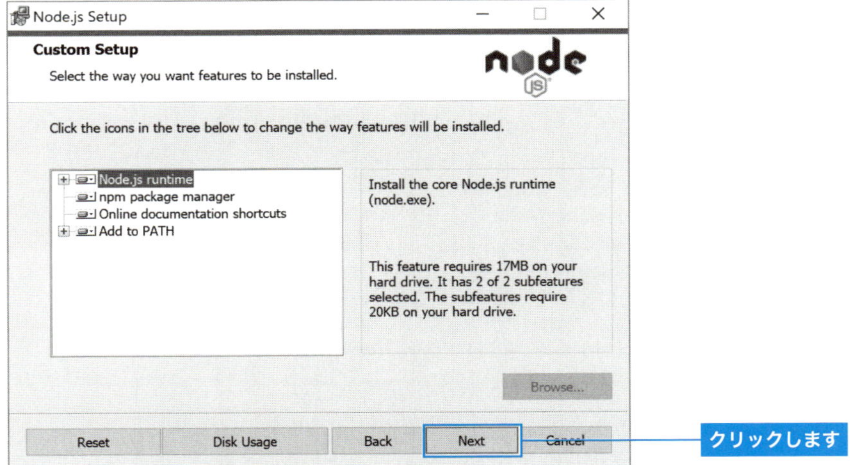

❼ インストールの開始

インストールの開始画面が表示されます。[Install] ボタンをクリックすると、インストールが始まります（**図2-3-8**）。

図 2-3-8　インストールの開始

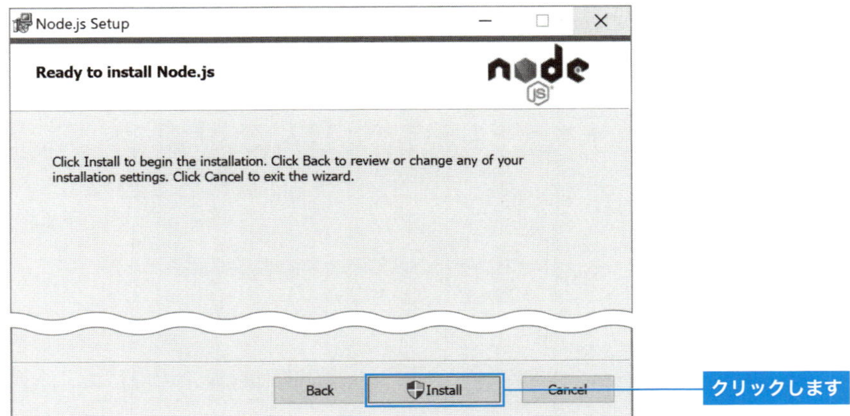

❽ インストールが完了した

しばらくすると、インストールが完了します。完了画面が表示されたら、[Finish] ボタンをクリックして、操作を完了してください（図2-3-9）。

図 2-3-9　インストールの完了

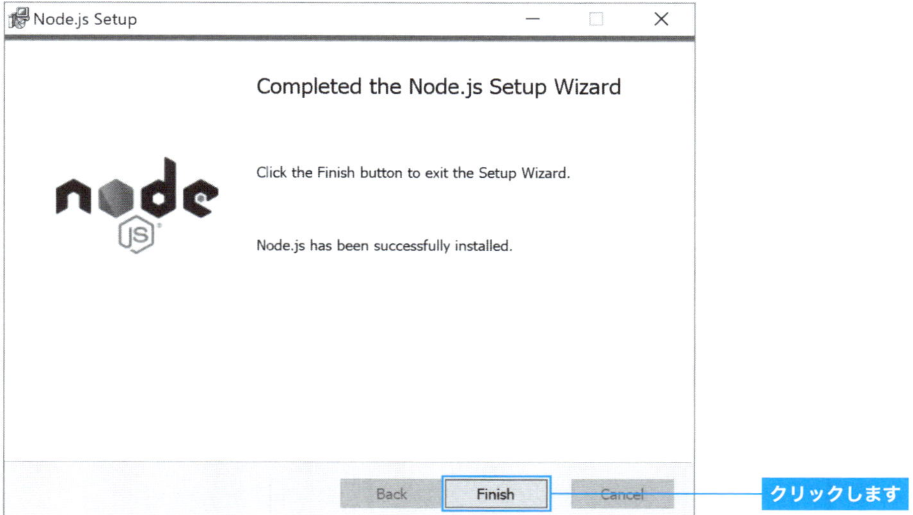

Section 2-4 TypeScriptとAngular CLIをインストールする

次に、TypeScriptとAngular CLIをインストールしていきます。

パッケージマネージャ

Node.jsで動作するTypeScriptやAngular CLIなどのソフトウェアをインストールするには、Node.jsに付属のパッケージマネージャと呼ばれるツールを使います。

パッケージマネージャというのは、具体的には、Node.jsに含まれている「npm」というコマンドです。このコマンドは、マウスなどでは操作できず、キーボードから命令を入力することで操作します。npmコマンドを実行すると、インターネットから必要なファイルをダウンロードし、インストールできます（**図2-4-1**）。

npmコマンドを実行するには、主に2つの方法があります。ひとつは「Windows PowerShell」という機能を使う方法（背景が青い）、もうひとつは「コマンドプロンプト」（背景が黒い）という機能を使う方法です。前者はWindows10以降の標準的な方法、後者はそれ以前の標準的な方法です。macOSの場合は「ターミナル」という機能を使います。

図 2-4-1　npmコマンドを使ってTypeScriptとAngular CLIをインストールする

npmコマンドを実行すると、インターネットからソフトをダウンロードしてインストールできる。

Windows PowerShellまたはコマンドプロンプトを起動する

そこでまずは、npmコマンドを入力できるようにするため、Windows PowerShellまたはコマンドプロンプトを起動しましょう。

Windows8以降の場合

Windows8以降の場合、エクスプローラで作業したいフォルダを開き、［ファイル］メニューから、[Windows PowerShellを開く] または [コマンドプロンプトを開く] のいずれかの操作をすると、それぞれ起動できます。

npmコマンドを実行してTypeScriptやAngular CLIをインストールする場合は、どのフォルダで操作してもかまいません。[ドキュメント] フォルダなど適当なフォルダをエクスプローラで開き、[ファイル] メニューからその操作をしてください(**図2-4-2**)。すると、Windows PowerShellまたはコマンドプロンプトが開きます(**図2-4-3**)。

図 2-4-2　Windows PowerShellを起動する(Windows 10の場合)

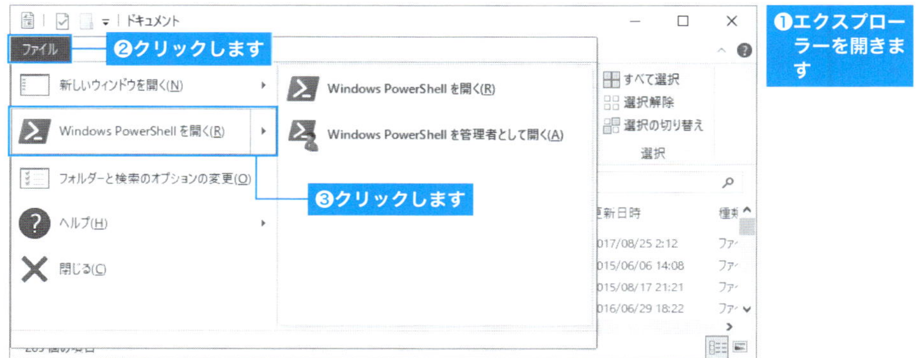

図 2-4-3　Windows PowerShellが起動したところ

Windows7の場合

Windows7では、[スタート] メニューから [すべてのプログラム] → [アクセサリ] → [コマンドプロンプト] を選択して起動します(**図2-4-4**)。

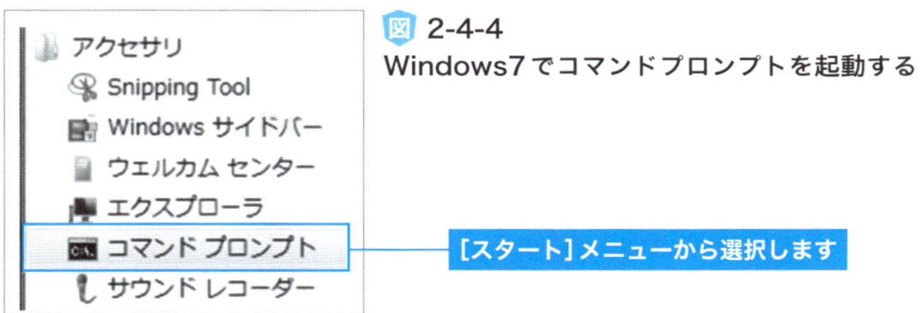

図 2-4-4
Windows7でコマンドプロンプトを起動する

COLUMN

Windows PowerShellとコマンドプロンプトの違い

コマンドプロンプトは、Windowsの前身となるMS-DOSと呼ばれる機能を模した操作画面です。それに対してWindows PowerShellはWindows時代に一新され、.NET Frameworkと呼ばれる実行環境で各種コマンドを実行できる操作環境です。

利用できるコマンドに違いがありますが、本書で実行するような、npmコマンドや、このあと出てくるAngular CLIのコマンド入力などの範囲においては、両者の違いはありません。

COLUMN

macOSの場合

macOSでは、ターミナルというアプリを使います。「アプリケーション」フォルダの「ユーティリティ」から起動します（**図2-4-A**）。

図 2-4-A　ターミナルを起動する

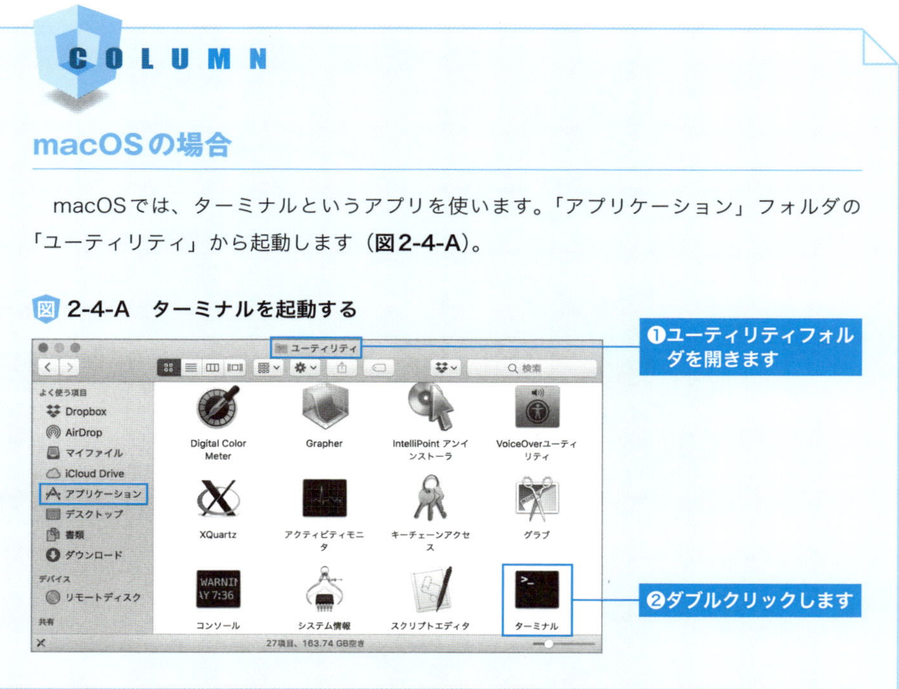

npmコマンドを使ったインストールの基本

Node.js環境に、何かソフトをインストールするには、次のように入力します。パッケージ名とは、ソフトに名付けられた名称のことです。

```
npm install -g パッケージ名
```

「-g」は、どこのフォルダからでも使えるようにする設定です。この設定がないと、カレントフォルダ（PowerShellやコマンドプロンプトを開いたときのフォルダ）にインストールされてしまうので、他のフォルダでは動かなくなります。

npm installを実行すると、そのソフトを構成するファイル一式が、自動的にダウンロードされます。ソフトの規模が大きいときは、少し時間がかかることもあります。

何らかの理由でアンインストールしたいときは、「npm uninstall -g パッケージ名」というコマンドを使います。

COLUMN

macOSの場合

macOSの場合、ターミナルから起動しますが、「-g」オプションを付けるときは、管理者権限が必要です。その場合、頭に「sudo」と付けて入力しなければならない決まりがあります。このとき自分のパスワードを尋ねられます。

ただし、「-g」オプションを付けるとインストールに失敗することがあります（対処法はP.46のコラムを参照）。

```
sudo npm install -g パッケージ名
```

TypeScriptをインストールする

それでは、TypeScriptをインストールしましょう。TypeScriptは「typescript」というパッケージ名です。PowerShellかコマンドプロンプト（macOSの場合は「ターミナル」）で、次のように入力してください。

```
npm install -g typescript
（macOS の場合は P.46 のコラム参照）
```

実行すると何行かメッセージが表示され、インストールが完了します（**図2-4-5**）。

図 2-4-5　TypeScriptをインストールする（Windowsの場合）

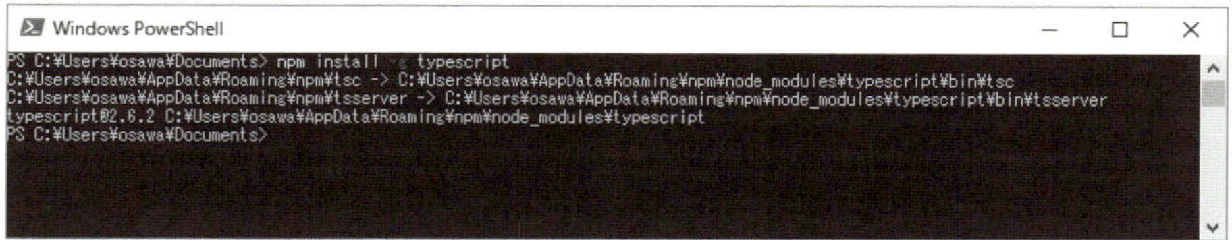

COLUMN

インストール場所

Windowsの場合、「-g」オプション付きでインストールした場合のインストール先は、「ユーザーフォルダ¥AppData¥Roaming¥npn」以下です。ふだんは意識する必要がありませんが、もし何らかの理由でうまく動かないときは、このフォルダの中身を確認するとよいでしょう。

Angular CLIをインストールする

同様にして、Angular CLIもインストールします。Angular CLIのパッケージ名は、「@angular/cli」という名称です。そこで、次のように入力してインストールしてください。

```
npm install -g @angular/cli
(macOS の場合は P.46 のコラム参照)
```

Angular CLIはTypeScriptと違って構成ファイルが多岐に渡るため、ダウンロードやインストールに少し時間がかかります（**図2-4-6**）。

MEMO

Node.jsのパッケージは、標準的なパッケージ以外は、「@ユーザー名/ソフト名」という命名規則をとります。つまり、「@angular/cli」というのは、「angularさん（Angularを開発しているチーム）」の「cliというソフト」という意味です。

図 2-4-6　npmコマンドでAnrular CLIをインストールする

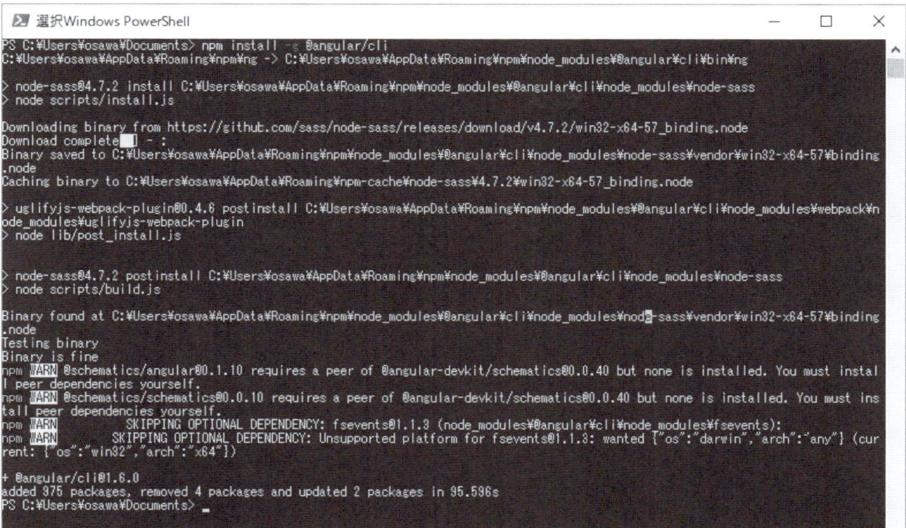

COLUMN

macOSのエラー対処法

macOSの場合、Angular CLIをインストールするときに「-g」オプションを付けると、正しくインストールできないことがあります。これはインストール先のフォルダの権限の問題です。

この問題を回避するにはいくつか方法がありますが、ここではあらかじめAngular CLIのインストール先のフォルダを作っておき、そこにインストールする方法を紹介します。

macOSでAngular CLIをインストールする

❶フォルダを作る

Angular CLIをインストールする適当なフォルダを作ります。ここでは仮に「npm-global」というフォルダ名にします。macOSのFinderなどを使って、自分のフォルダ（ホームディレクトリ）に「npm-global」という名前のフォルダを作ってください。

図 2-4-B　npm-globalフォルダを作る

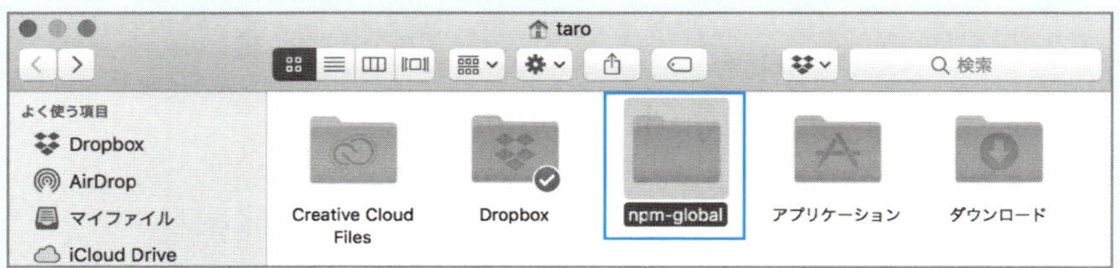

❷npmの設定ファイルを変更する

手順❶で作成したフォルダを、npmコマンドを実行したときのインストール先として採用するため、npmの設定を変更します。次のコマンドを入力してください。

```
npm config set prefix '~/npm-global'
```

実行すると、npm-globalフォルダのなかに、binフォルダが作成されます。後述する手順でAngular CLIをインストールするなど、パッケージをインストールするときは、このbinフォルダに保存されます。

❸実行可能なディレクトリパスを変更する

ユーザーのホームディレクトリに保存されている「.bash_profile」というファイルを編集し、ターミナルから手順❷にインストールされたコマンドを実行できるように設定を変更します。

「.bash_profile」というファイルは隠しファイルなので、Finderから編集できません。そこでターミナルを起動します。ターミナルを起動したら、次のようにopenコマンドを実行してください。

```
open .bash_profile
```

すると、標準のテキストエディタ（テキストエディット）が起動し、編集可能な状態になります。末尾に次の2行を加えて保存し直せば、設定完了です（**図2-4-C**）。

```
PATH="~/npm-global/bin:${PATH}"
export PATH
```

図 2-4-C　.bash_profileファイルに加えた変更

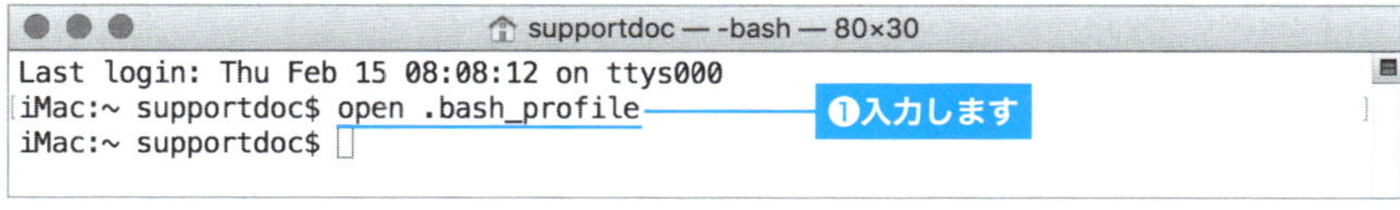

❹ターミナルを起動し直す

設定を有効にするため、一度ターミナルウィンドウを閉じ、再び開いてください。すると、これまでの設定が有効になります。

❺TypeScriptやAngular CLIをインストールする

次のコマンドを入力して、TypeScriptやAngular CLIをインストールします 。「-g」オプションは付けずに実行しているので注意してください。また、sudoコマンドと呼ばれる管理者権限で動かすコマンドも、ここでは使いません。

TypeScript

```
npm install typescript
```

Angular CLI

```
npm install @angular/cli
```

Chapter2のまとめ

この章では、Angularアプリを開発するために必要なソフトをインストールしました。

また、コマンドから入力するためにPowerShellもしくはコマンドプロンプト（macOSの場合はターミナル）からの操作もしました。

インストールのときだけでなく、Angularアプリの開発では、PowerShellもしくはコマンドプロンプト（macOSの場合はターミナル）を使うことが多いので、これらの使い方を忘れないようにしてください。

次章では、簡単なAngularアプリを作っていきます。

Angularプロジェクトを作ろう

開発環境が整ったら、Angularアプリを作っていきましょう。プログラムの雛形は自動で作られます。

Section 3-1

Angularアプリの作り方

プロジェクトの雛型を作る

Angularアプリは、「見た目を決めるテンプレートのファイル」「動作を決めるコンポーネントやサービスを構成するプログラム」「設定ファイル」など、さまざまなファイルで構成されます。こうした構成ファイルは、ひとつのフォルダにまとめておきます。このフォルダを**プロジェクト**と言います。プロジェクトに対して**ビルド**という操作をすると、完成物となります。

プロジェクトを構成するファイルはたくさんあるので、まっさらな状態からすべてを作るのは大変です。そこで、Angular CLIに含まれる、プロジェクトの雛形を作る機能を作って自動生成し、生成されたファイルを、自分の希望に合うように修正しながら完成を目指すのが一般的です（**図3-1-1**）。

図 3-1-1　Angularアプリを作るまでの流れ

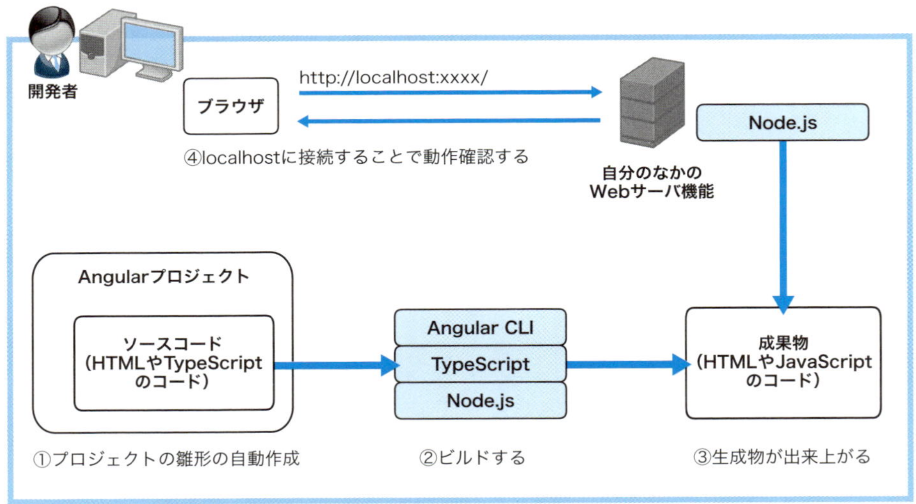

雛型の作成手順

具体的な手順を示すと、次のようになります。

❶ Angularプロジェクトの作成

まずは、プロジェクトを保存するためのフォルダを作ります。そしてAngular CLIに含まれる雛形の生成コマンドを使って、必要となるファイルの雛形を自動生成します。

❷ ソースファイルの編集

目的の動作や表示となるように、ソースファイルを編集します。Angularでは動作をTypeScirpt、表示をHTMLで記述します。

❸ 設定ファイルの編集

ソースファイルの関係や役割を設定ファイルに記述します。

❹ ビルド

TypeScriptで書かれたソースコードをJavaScriptに変換し、HTML5＋JavaScriptのWebページを作成します。これがAngularアプリの完成形となります。

これをWebサーバにアップロードしてブラウザから参照すれば、動作確認できますが、Chapter1で説明したように、開発中は、Angular CLIが持つWebサーバ機能を経由することで、アップロードすることなく確認できます。

実は、手順❶で作成したファイルは、そのまま実行可能なので、❷❸の操作をしなくても、実行して確認できます。

そこで、この章では以降、正しくAngularがインストールされたかどうかの確認も含め、まずは、❶と❹の操作をして、自動生成された雛形のプロジェクトを実行するところまでを試します。

Section 3-2 Angularプロジェクトを作る

では早速、始めましょう。まずは、Angularプロジェクトを作ります。

Angularプロジェクトを作る

❶ Angularプロジェクト群を保存するためのフォルダを作る

これからAngularアプリを作っていくにあたり、Angularアプリのプロジェクトは、特定のフォルダの下にまとめたほうがわかりやすいので、まずは、プロジェクト群を保存するためのフォルダを作ります。

どのような場所に、どのような名前で作成してもかまいませんが、ここでは、ドキュメントフォルダの下に、「angular_projects」という名前のフォルダを作ることにします（**図3-2-1**）。

図 3-2-1　ドキュメントフォルダの下にangular_projectsフォルダを作る

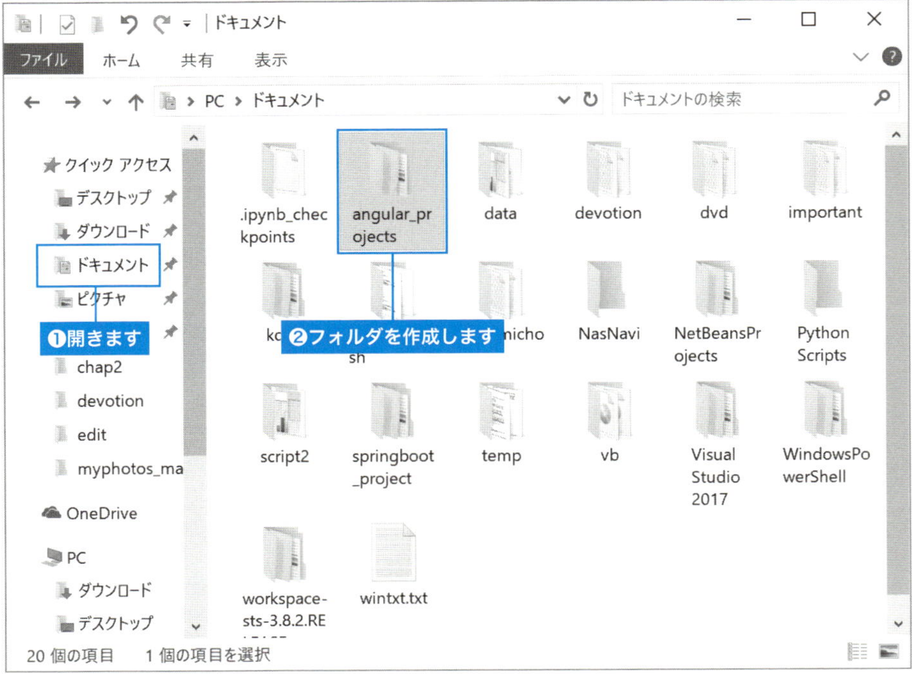

❷ PowerShellまたはコマンドプロンプトを開く

以降の手順では、このフォルダのなかにプロジェクトを作成しますが、そのためのコマンドは、PowerShellまたはコマンドプロンプトから実行します。そこで、PowerShellまたはコマンドプロンプトを開きましょう。

たとえばWindows10であれば、エクスプローラから、❶で作成したangular_projectsフォルダを開き、メニューの［ファイル］→［Windows PowerShellを開く］を選択します（**図3-2-2**）。

すると、そのフォルダが標準の操作対象のフォルダ（カレントフォルダ）として構成されたPowerShellが起動します（**図3-2-3**）。

MEMO

図3-2-3において、「PS C:¥Users¥supportdoc¥Documents¥angular_projects >」と表示されている部分は、**図3-2-1**で開いたフォルダ名です。「supportdoc」というのはユーザー名に相当するので、この部分は、いま操作しているユーザー名となります。

図 3-2-2 「Windows PowerShellを開く」を選択する

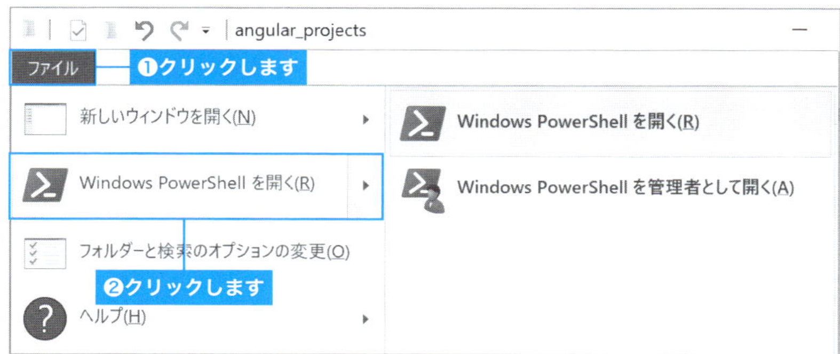

図 3-2-3 PowerShellが起動したところ

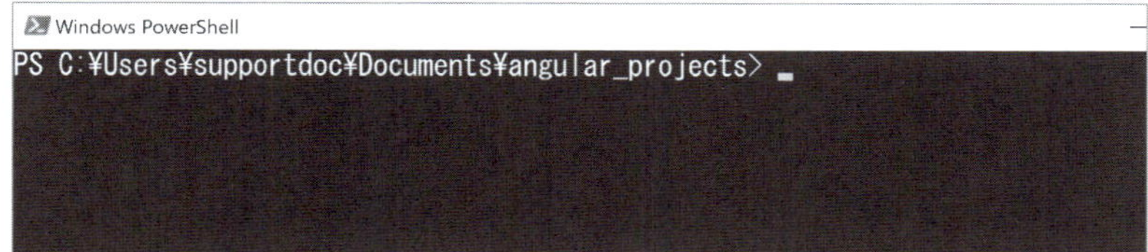

MEMO

ここまでの設定をMacで行う場合は、P.58のコラムの手順まで進めておいてください。

コマンドプロンプトを使う場合

コマンドプロンプトを使う場合は、[スタート] メニューなどからコマンドプロンプトを起動したあと、次のように入力してください。

```
cd %HOMEDRIVE%%HOMEPATH%¥Documents¥angular_projects
```

こうすることで、操作対象が、ドキュメントフォルダの「angular_projects」フォルダに設定されます。

図 3-2-A　コマンドプロンプトを使う場合

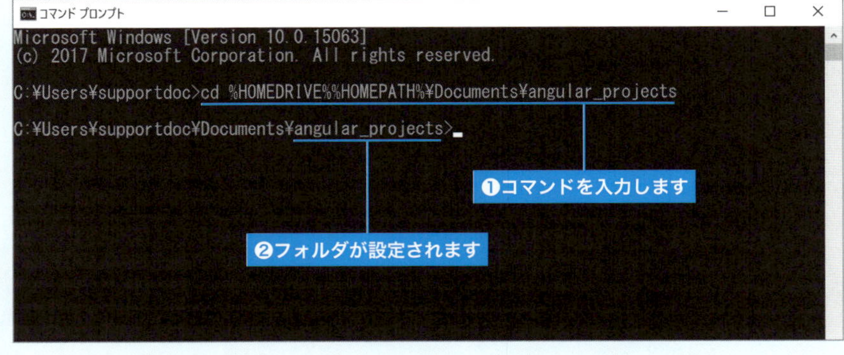

❸ 新規Angularプロジェクトを作る

では、この「angular_projects」フォルダの下に、新しくAngularプロジェクトを作ります。そのためには、❷で起動しておいたPowerShell（またはコマンドプロンプト、Macはターミナル）で、次のように、ngコマンドを入力します。

MEMO

ngコマンドの名前の由来は、「Angular」の2文字目と3文字目です。

```
ng new プロジェクト名
```

プロジェクト名は、英字で始まり、英数字のみ（記号は不可）で構成する名称でなければなりません。ここでは、「simpleform」というプロジェクト名にしたいと思います。実際に、次のように入力してください。

```
ng new simpleform
```

図 3-2-4 「ng new simpleform」と入力する

すると simpleform というフォルダが作られ、雛形として必要なファイルがAngularのファイルサーバ（レポジトリと呼ばれます）からダウンロードされます。インストールには、しばらく時間がかかります。まずは、create というメッセージが流れ、必要なファイルやフォルダが作成されます（**図3-2-5**）。

図 3-2-5 create中

```
npm
PS C:¥Users¥supportdoc¥Documents¥angular_projects> ng new simpleform
  create simpleform/e2e/app.e2e-spec.ts (292 bytes)
  create simpleform/e2e/app.po.ts (208 bytes)
  create simpleform/e2e/tsconfig.e2e.json (235 bytes)
  create simpleform/karma.conf.js (923 bytes)
  create simpleform/package.json (1315 bytes)
  create simpleform/protractor.conf.js (722 bytes)
  create simpleform/README.md (1101 bytes)
  create simpleform/tsconfig.json (363 bytes)
  create simpleform/tslint.json (3040 bytes)
  create simpleform/.angular-cli.json (1128 bytes)
  create simpleform/.editorconfig (245 bytes)
  create simpleform/.gitignore (516 bytes)
  create simpleform/src/assets/.gitkeep (0 bytes)
  create simpleform/src/environments/environment.prod.ts (51 bytes)
  create simpleform/src/environments/environment.ts (387 bytes)
  create simpleform/src/favicon.ico (5430 bytes)
  create simpleform/src/index.html (297 bytes)
  create simpleform/src/main.ts (370 bytes)
  create simpleform/src/polyfills.ts (2480 bytes)
  create simpleform/src/styles.css (80 bytes)
  create simpleform/src/test.ts (1085 bytes)
  create simpleform/src/tsconfig.app.json (211 bytes)
  create simpleform/src/tsconfig.spec.json (304 bytes)
  create simpleform/src/typings.d.ts (104 bytes)
  create simpleform/src/app/app.module.ts (314 bytes)
  create simpleform/src/app/app.component.html (1075 bytes)
  create simpleform/src/app/app.component.spec.ts (986 bytes)
  create simpleform/src/app/app.component.ts (207 bytes)
  create simpleform/src/app/app.component.css (0 bytes)
You can `ng set --global packageManager=yarn`.
```

引き続き、「Installing packages for tooling via npm（npmによるツールパッケージをインストール中）」と表示されます（**図3-2-6**）。

図 3-2-6　インストール中

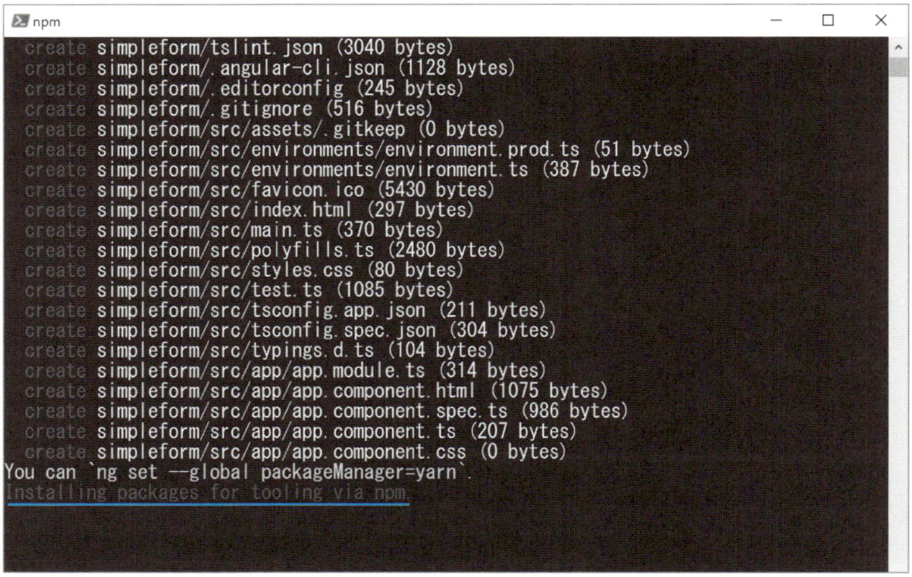

```
npm
  create simpleform/tslint.json (3040 bytes)
  create simpleform/.angular-cli.json (1128 bytes)
  create simpleform/.editorconfig (245 bytes)
  create simpleform/.gitignore (516 bytes)
  create simpleform/src/assets/.gitkeep (0 bytes)
  create simpleform/src/environments/environment.prod.ts (51 bytes)
  create simpleform/src/environments/environment.ts (387 bytes)
  create simpleform/src/favicon.ico (5430 bytes)
  create simpleform/src/index.html (297 bytes)
  create simpleform/src/main.ts (370 bytes)
  create simpleform/src/polyfills.ts (2480 bytes)
  create simpleform/src/styles.css (80 bytes)
  create simpleform/src/test.ts (1085 bytes)
  create simpleform/src/tsconfig.app.json (211 bytes)
  create simpleform/src/tsconfig.spec.json (304 bytes)
  create simpleform/src/typings.d.ts (104 bytes)
  create simpleform/src/app/app.module.ts (314 bytes)
  create simpleform/src/app/app.component.html (1075 bytes)
  create simpleform/src/app/app.component.spec.ts (986 bytes)
  create simpleform/src/app/app.component.ts (207 bytes)
  create simpleform/src/app/app.component.css (0 bytes)
You can `ng set --global packageManager=yarn`.
Installing packages for tooling via npm.
```

最後に「Project simpleform successfully created（作成に成功しました）」と表示されたら、プロジェクトの作成は完了となります（**図3-2-7**）。

図 3-2-7　プロジェクトの作成が完了

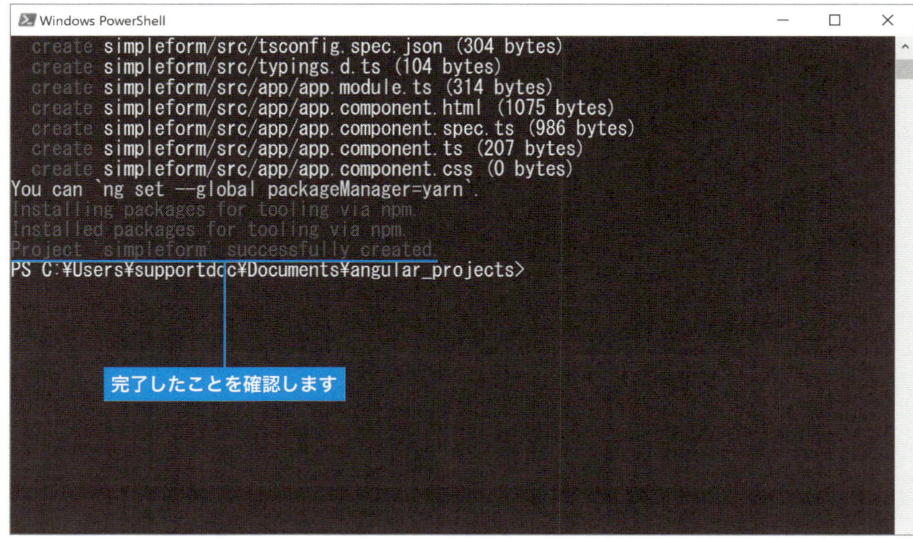

「angular_projects」フォルダを開いてみると、「simpleform」というプロジェクトフォルダができていることがわかります（**図3-2-8**）。

図 3-2-8　作成されたプロジェクトの雛形

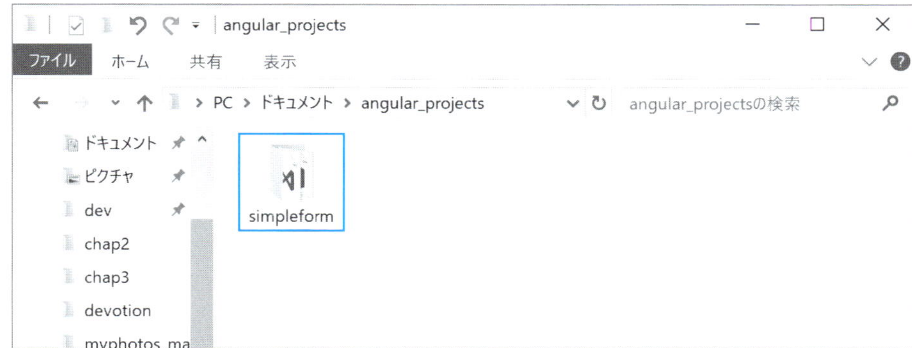

これを開くと、**図3-2-9**のようにいろいろなフォルダやファイルがありますが、これらの意味は、次章で詳しく説明することにし、ここでの説明は割愛します。

図 3-2-9　作られた雛形のファイル群

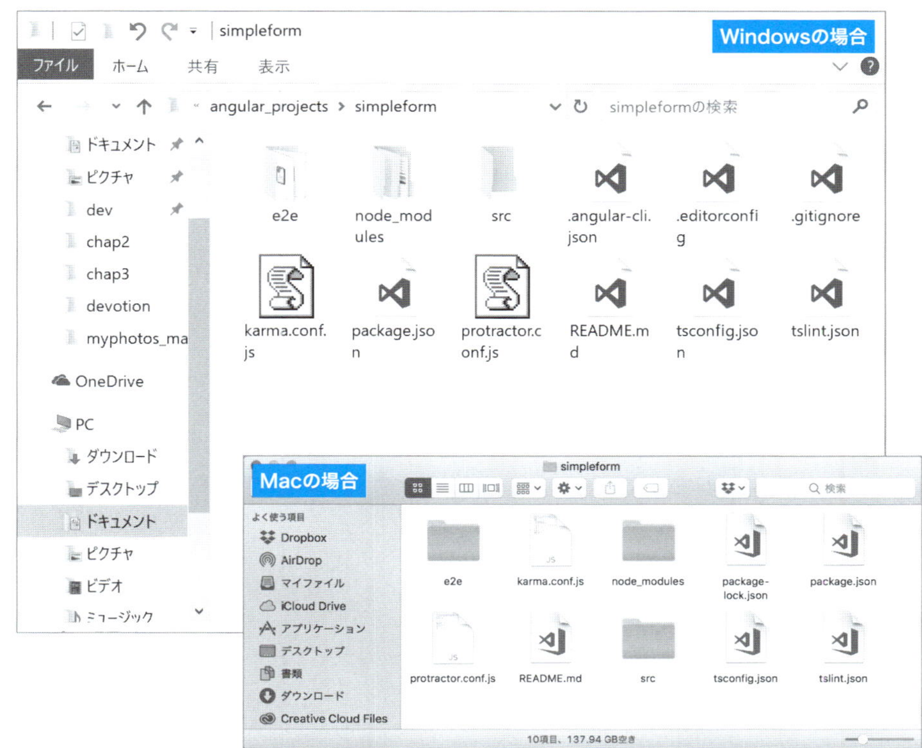

macOSの場合

macOSの場合、ターミナルから操作します。次のように操作してください。

❶ Finderからターミナルを開けるように設定変更する

Finderでフォルダを開いているとき、そのフォルダを標準の操作対象（カレントフォルダ）としたターミナルを開くことができるよう、設定を変更します。次のように操作してください。

①［システム環境設定］で［キーボード］を選択します。
②現れたウィンドウで［ショートカット］タブを選択します。
③左側の項目から［サービス］を選択します。
④右側の項目で［ファイルとフォルダ］→［フォルダに新規ターミナル］にチェックを付けます（**図3-2-B**）。

図 3-2-B ［フォルダに新規ターミナル］を有効にする

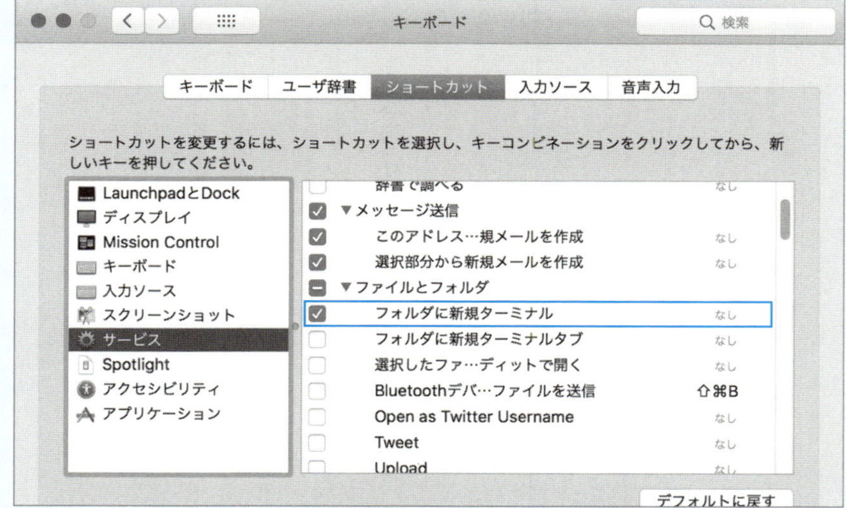

❷ Angularプロジェクト群を保存するためのフォルダを作り、ターミナルを起動する

「書類」フォルダなどに、Angularプロジェクト群を保存するためのフォルダを作ります。ここでは「angular_project」フォルダとします。

そしてそのフォルダを右クリックし、「フォルダに新規ターミナル」を選択します（**図3-2-C**）。

図 3-2-C ［フォルダに新規ターミナル］を選択する

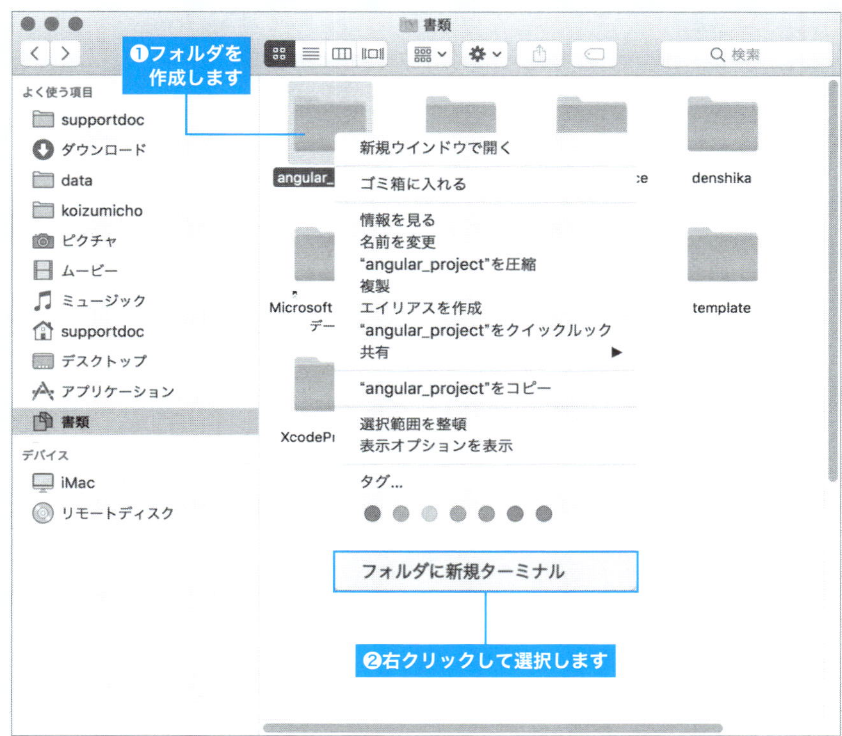

MEMO

メニューが表示されない場合は、フォルダを右クリックして［サービス］→［フォルダに新規ターミナル］を選択して下さい。

すると、このフォルダを標準の操作対象（カレントフォルダ）としたターミナルが起動するので、Windows版と同様に、「ng new simpleform」と入力してください。すると、このフォルダの下にsimpleformというプロジェクトができます。

図 3-2-D 起動したターミナルにngコマンドを入力する

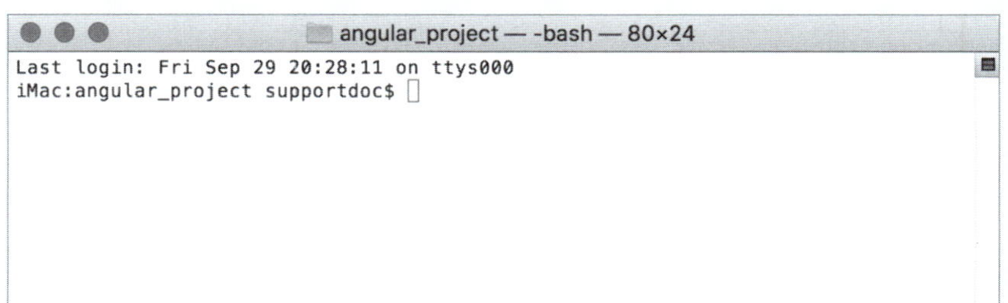

Section 3-3 ビルドしてテスト用サーバで確認する

このように作成したAngularプロジェクトは、最低限動作するためのソースコードや設定があらかじめ書かれています。また、プロジェクトのなかにテスト用の簡単なWebサーバがインストールされており、Webアプリとしての表示、動作を確かめることができます。

プロジェクトのフォルダに移動する

以下、実際に、このようにして作ったAngularプロジェクトを実行してみましょう。

プロジェクトは、そのプロジェクトフォルダに移動して操作します。ここまでの手順では、PowerShellやコマンドプロンプト（macOSの場合はターミナル）を使って、simpleformという名前のプロジェクトを作りました。そこで、このプロジェクトのフォルダに移動します。移動するには、cdコマンドを次のように入力してください。

```
cd simpleform
```

テストサーバを実行して確認する

では、ビルドして確認してみましょう。次のように、ngコマンドに「serve」という命令を指定すると、現在対象となっているフォルダにあるAngularアプリをビルドし、テストサーバで起動できます。このとき「--open」というオプションを起動することで、OSのデフォルトのブラウザ（EdgeブラウザやInternet Explorer、Google Chromeなど）が起動し、実際に動作を確認できます（**図3-3-1**）。

```
ng serve --open
```

図 3-3-1 「ng serve --open」と入力する

入力して実行します

```
@angular/cli
Installing packages for tooling via npm.
Installed packages for tooling via npm.
Project 'simpleform' successfully created.
PS C:¥Users¥supportdoc¥Documents¥angular_projects> cd simpleform
PS C:¥Users¥supportdoc¥Documents¥angular_projects¥simpleform> ng serve --open
```

しばらくすると「Compiled successfully（コンパイル成功）」という表示が出て（**図3-3-2**）、Webブラウザが起動します。

ブラウザには、**図3-3-3**のような内容が表示されます。これは、自動生成したソースファイルにあらかじめ記述されているものです。

図 3-3-2　ビルドに成功してテストサーバを実行中

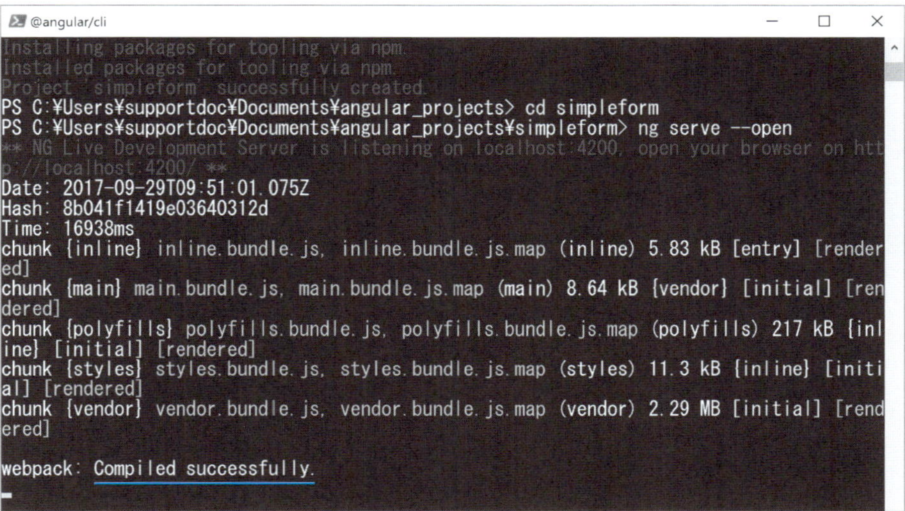

図 3-3-3　ブラウザが起動し、Angularアプリが実行される

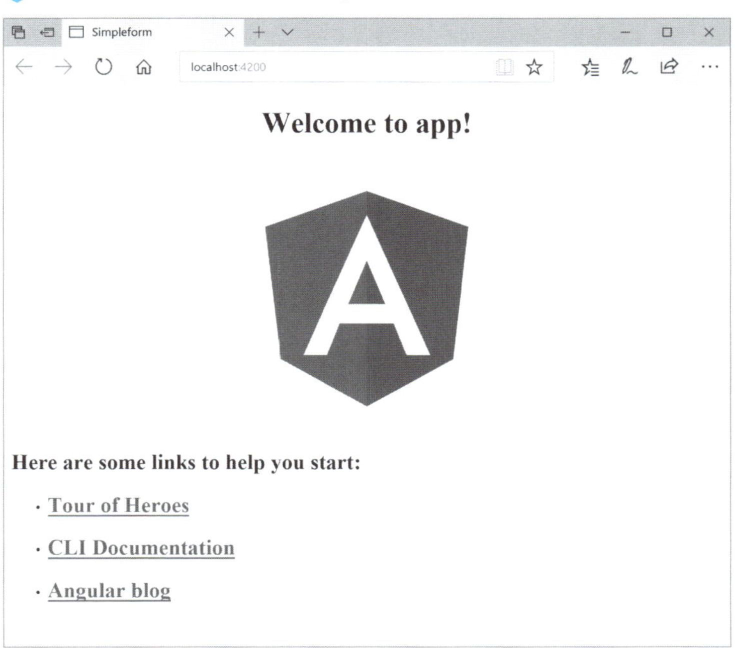

おめでとうございます。これで最も基本的な「Angularアプリ」の起動に成功しました。

図3-3-3を見ると、ただ、Angularのロゴが表示されているだけですが、裏ではプログラムが動いています。これだけでも、立派なAngularアプリなのです。

このAngularアプリの構造がどのようになっているのか、そして、修正するには、どのようにすればよいのかについては、次章で説明します。

テストサーバを終了する

図3-3-2の画面は、サーバの応答の表示に使われるので、もう入力できません。しかし、このプログラムは、プロジェクトを構成するファイルに変化があるかどうかを確認しており、もし変化が生じれば、自動的にビルドし直し、さらにブラウザをリロードしてくれます。つまり、プロジェクトのファイルを変更してしばらく待つと、何も操作しなくとも、ブラウザをリロードすれば、それが反映されるということです。

もうテストを終わらせるのであれば、**図3-3-2**の画面で[Ctrl]+[Q]キーを押して止めるか、右上の☒ボタンをクリックして、Windows PowerShellやコマンドプロンプト（macOSの場合はターミナル）などを終了させてもかまいません。

終了させると、もうテストサーバがなくなるので、ブラウザをリロードしたときにエラーになるので、ブラウザも閉じてしまってください。

そしてもし、もう一度、テストサーバを起動したいのであれば、ここまでと同じ手順を繰り返し、Angularプロジェクトを置いたフォルダを対象フォルダ（カレントフォルダ）としてから、また、ng serveコマンドを入力してください。

```
ng serve --open
```

するとブラウザがまた起動し、動作確認できるようになります。

Chapter 3のまとめ

この章では、Angularプロジェクトを作り、それをビルドして、テストサーバで実行するところまでを説明しました。

次章では、自動生成された、このプロジェクトを構成するファイルは、どのような構造になっているのかを解説します。そして、少し改良することで、どのようにしてAngularアプリを作っていけばよいのかを説明します。

Angularの基本

前章では、ひな形からAngularプロジェクトを自動生成して、実行してみました。

この章では、自動生成されたAngularプロジェクトが、どのような構成になっていて、どこをどのように修正して、自分が望む動作にカスタマイズしていけるのかを説明します。

Section 4-1
Angularアプリを構成する要素

Angularアプリは、さまざまなファイルで構成されており、プロジェクトのフォルダにまとめられています。まずは、ひな形から作ったプロジェクトのフォルダには、どのようなファイルがあり、どのような役割なのかを見ていきましょう。

Angularはフレームワークなので、開発者は標準の動作と違う動作をさせたい箇所だけを記述・修正すればよく、全部を理解する必要はありません。そこで本書では、よく使うファイルを中心に、どのファイルをどのように修正しなければいけないのかという観点で説明していきます。

Visual Studio Codeでフォルダを開く

プロジェクトを構成するファイルを見るため、Visual Studio Codeを使って、プロジェクトを構成するフォルダを開いてみましょう。

Chapter3の手順では、プロジェクトをsimpleformフォルダに作りました。Visual Studio Codeを使って、このsimpleformフォルダを開くには、次のいずれかの方法をとります。どちらの方法でもかまわないので、simpleformフォルダを開いてください。

【方法1】エクスプローラから開く場合

ひとつめの方法は、エクスプローラから開く方法です。Chapter2で説明した方法でVisual Studio Codeをインストールした場合、フォルダを右クリックすると「Open with

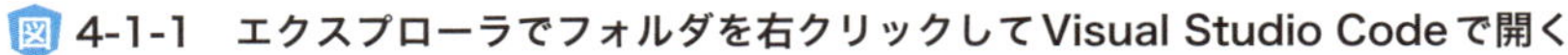

図 4-1-1　エクスプローラでフォルダを右クリックしてVisual Studio Codeで開く

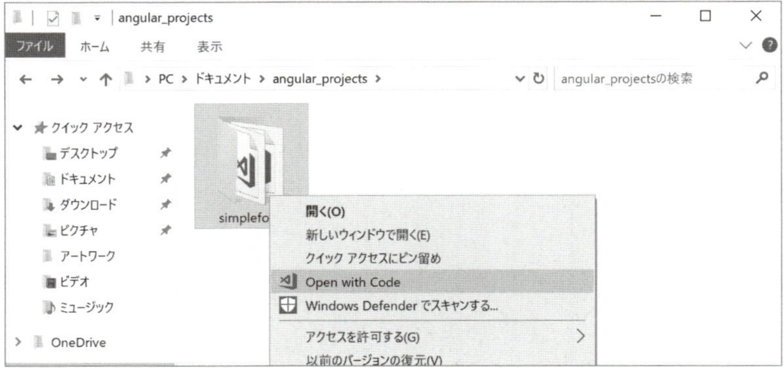

Code」というメニューが表示されるように構成されます。

そこでsimpleformフォルダを右クリックし、この「Open with Code」メニューをクリックすることで、Visual Studio Codeから開きます（**図4-1-1**）。

【方法2】Visual Studio Codeのメニューから開く

もうひとつの方法は、あらかじめ［スタート］メニューからVisual Studio Codeを起動しておき、［ファイル］メニューの［フォルダーを開く］を選択して、simpleformフォルダを開く方法です（**図4-1-2**）。

図 4-1-2 ［ファイル］メニューの［フォルダーを開く］を選択してフォルダを開く

プロジェクトを構成するファイルを確認する

プロジェクトを開いたら、「エクスプローラウィンドウ」というウィンドウを開いて、プロジェクトを構成するファイルを確認します。

エクスプローラウィンドウは、左上のアイコンをクリックすることで表示できます（**図4-1-3**）。

図 4-1-3 エクスプローラウィンドウを開く

プロジェクトファイルを構成する要素

エクスプローラウィンドウでは、開いたプロジェクトのフォルダ名が一番上に「大文字」で表示され、その下に、含まれているファイルやフォルダがツリー構造で表示されます。

最初に開いたときは、**図4-1-4**のように「e2e」「node_modules」「src」という3つのフォルダがあり、その下に、いくつかのファイルがあるのがわかります。それぞれの意味は、**表4-1-1**の通りです。

図 4-1-4　プロジェクトフォルダの内容

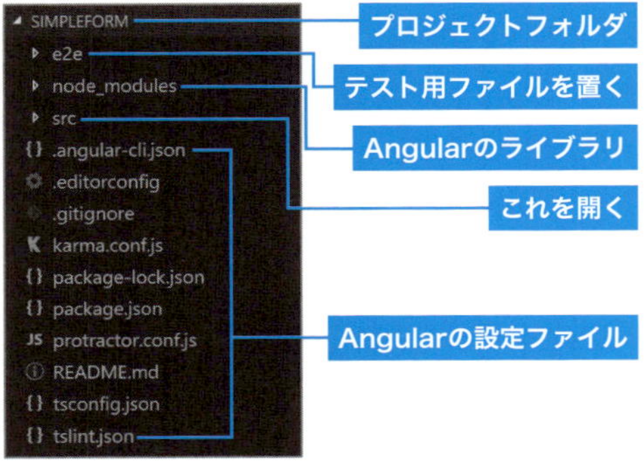

表 4-1-1　プロジェクトを構成するフォルダやファイルの意味

フォルダまたはファイル名	編集が必要？	用　途
e2e	△	Protractor というソフトウェアを使って、E2Eテスト（実際のユーザー操作をエミュレートしたテスト）をするときの構成ファイルを置くフォルダ
node_modules	×	Node.jsで利用するライブラリを格納する。Angularを構成するライブラリも、ここに含まれる
src	◎	プログラムを配置するフォルダ
.angular-cli.json	○	このプロジェクトの設定を記すファイル
.editorconfig	△	エディタの設定ファイル
.gitignore	△	Gitと呼ばれるソース管理ツールを使うときに、管理下から外すための設定を記すファイル。ソース管理ツールでは最終生成物や一時ファイル、開発者それぞれの環境設定ファイルなどを管理する必要はないので、Angularで扱う、そうしたファイルが除外されるよう、デフォルトで設定されている
karma.conf.js	△	単体テスト（開発したプログラムを、1つのプログラム単位でテストすること。ユニットテストとも言う）を実行するKarmaというソフトの設定ファイル
package.json	△	Node.jsのパッケージファイル
protractor.json	△	E2EテストをするProtractorの設定ファイル
README.md	○	このプロジェクトについての説明を記したファイル。デフォルトで説明文が作られるが、開発したプログラムを誰かに配布するときは、ここに、概要ドキュメントを記すようにする
tsconfig.json	△	TypeScriptの設定ファイル
tslint.json	△	TypeScriptの文法チェックを設定するファイル

◎＝必須　　△＝最初のうちは、ほとんど修正する必要がない
○＝必要に応じてする　　×＝自動的に設定されるため、修正する必要なし

プログラムを格納するsrcフォルダ

開発するプログラムはsrcフォルダに配置します。

srcフォルダの左側の三角形のマークをクリックして展開すると、その中には、**図4-1-5**に示すフォルダやファイルが格納されていることがわかります。

図 4-1-5　srcフォルダの構成

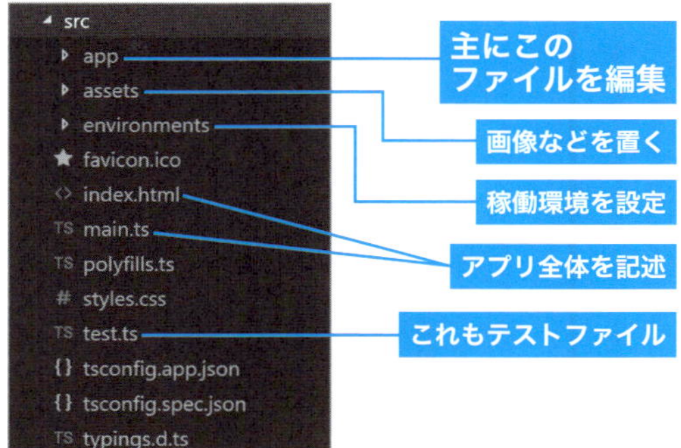

表 4-1-2　srcフォルダを構成するフォルダやファイルの意味

フォルダまたはファイル名	編集が必要？	用　途
app	◎	アプリケーションを構成するフォルダ
assets	○	画像や動画など、ブラウザでアクセスしたときに参照させたいファイル群を配置するフォルダ
environments	△	実行環境を設定するファイル
favicon.ico	○	このアプリケーションのアイコンファイル。ブラウザでアクセスしたときにタイトルバーやブックマークのアイコンとして使われる
index.html	◎	ブラウザが最初にアクセスするときに表示されるテンプレートファイル
main.ts	◎	ブラウザが最初にアクセスするときに実行されるTypeScriptファイル
polyfills.ts	△	ブラウザによる違いを吸収するためのファイル
styles.css	◎	index.htmlに適用されるスタイルシート
test.ts	△	テストツールのKarmaによって使われるファイル
tsconfig.app.json	△	TypeScriptの動作を設定するファイル。表4-1-1のtsconfig.jsonに対して、さらに追加設定したいときに、ここに記述する
tsconfig.spec.json	△	Karmaによる単体テストで使われるときのTypeScriptの動作を設定するファイル。表4-1-1のtsconfig.jsonに対して、さらに追加設定したいときに、ここに記述する
typing.d.ts	△	TypeScriptの型情報を記述する

◎＝必須　　△＝最初のうちは、ほとんど修正する必要がない
○＝必要に応じてする　　×＝自動的に設定されるため、修正する必要なし

ページを構成する3つのファイル

Angularアプリは、3つのファイルで、ユーザーに表示するページを構成するのが基本です。

❶ テンプレートファイル（*.html）

ユーザーに表示されるHTMLファイルのテンプレート（ひな形）です。「テンプレート」と呼ぶのは、ふつうのHTMLファイルではなくて、特殊な要素（タグ）を記述することで、次に説明するTypeScriptのプログラムの実行結果を好きな場所に差し込むなどの、プログラムとの連携ができるためです。

❷ TypeScriptファイル（*.ts）

実行されるプログラムを構成します。TypeScript言語で書きますが、ブラウザで実行するときには、JavaScriptに変換されます。

❸ CSSファイル（*.css）

HTMLの見栄えを設定するCSSファイルです。❶がユーザーに表示されるときに適用されます。

Angularでは、これらの3つを、それぞれ「HTML」「JavaScript」「CSS」の3種類のファイルに変換します。ブラウザは、この変換されたファイルを参照することで実行結果を表示しています（**図4-1-6**）。

図 4-1-6　ページを構成する3つのファイル

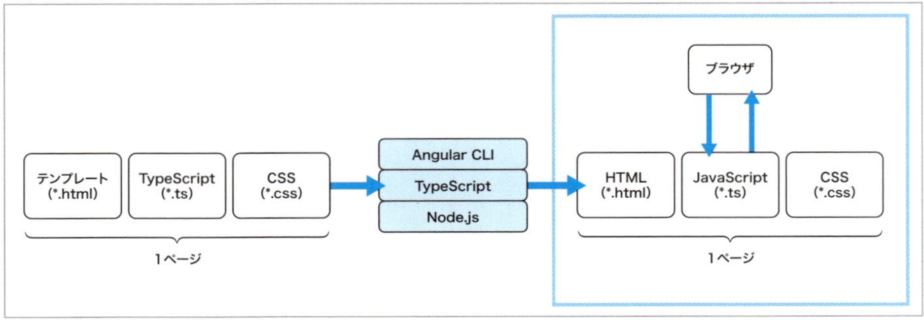

最初にアクセスしたときに表示されるページを構成するファイル

ブラウザで、AngularプロジェクトのURLにアクセスしたときに最初に表示されるページを構成するのは、次の3つのファイルです。

MEMO

これらの3つのファイル名は、.angular-cli.json ファイルを編集することによって変更できますが、慣例的にファイル名を変更することはほとんどありません。

❶ index.html
❷ main.ts
❸ styles.css

Chapter3の最後では、自動生成されたプロジェクトにブラウザでアクセスし、**図4-1-7**のように表示されることを確認しています。この結果は、上記のindex.html、main.ts、styles.cssによる結果です。

図 4-1-7　自動生成されたプロジェクトをブラウザで確認したところ

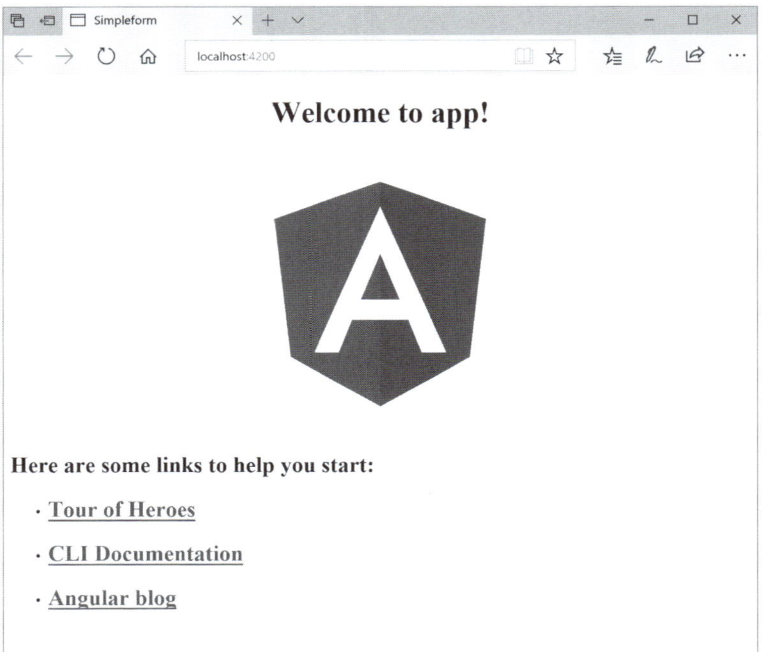

index.htmlを確認する

では、index.htmlがどのような内容になっているのか、実際に確認してみましょう。Visual Studio Codeのエクスプローラウィンドウで「index.html」をクリックすると、その内容を確認できます。(**図4-1-8**)。表示されたindex.htmlは、**リスト4-1-1**のようになっているはずです。

図 4-1-8　Visual Studio Codeで「index.html」を確認する

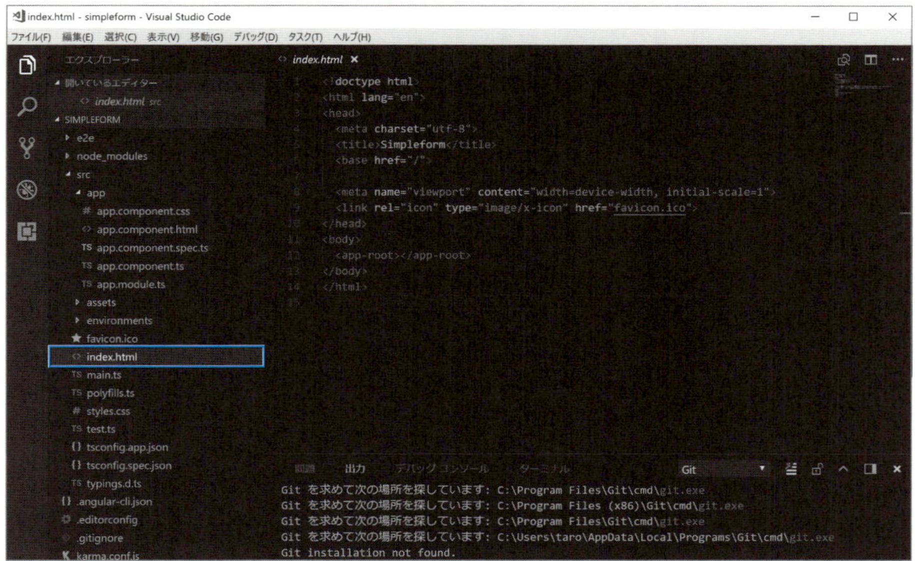

リスト 4-1-1　index.htmlファイル

```
<!doctype html>
<html lang="en">
<head>
  <meta charset="utf-8">
  <title>Simpleform</title>
  <base href="/">

  <meta name="viewport" content="width=device-width, initial-scale=1">
  <link rel="icon" type="image/x-icon" href="favicon.ico">
</head>
<body>
  <app-root></app-root>
</body>
</html>
```

HTMLについて、少し知っている人なら、**リスト4-1-1**を見て、「なんだか変だ」と思うと思います。それは、次の理由からです。

❶ HTMLに表示されているメッセージに相当するものがない

図4-1-7では、画面に「Webcome to app!」や「Here are some links to help you start:」というメッセージが表示されていたり、Angularの画像が表示されていたりしま

すが、それに相当するものがHTMLファイルにありません。

❷ 見知らぬ、app-rootという要素がある

HTMLの12行目には、「<app-root></app-root>」という、見知らぬ要素があります。

実は、ここで扱っているHTMLは、TypeScriptのプログラムと連動しており、「Welcome to app!」や「Here are some links to help you start:」などのメッセージ、そして、Angularの画像などは、TypeScriptのプログラムから埋め込まれているのです。

その埋め込みを指定するのが、❷の疑問点である「<app-root>」という要素です。

ページを構成する部品となるコンポーネント

Angularでは、ページを構成する部品として「コンポーネント」という仕組みが提供されています。コンポーネントとは、簡単に言うと、いま説明したような「<app-root>」のようなタグを記述すると、その要素に対応した部品を、そこに差し込める仕組みです。このような仕組みによって、ページを部品化しています。

Angularで開発するときは、ページを作るのではなくて、コンポーネントを作り、そのコンポーネントを組み合わせてページを作ります。ですから、先に説明したようなindex.htmlファイルを編集することはありません（**図4-1-9**）。

図 4-1-9　コンポーネント

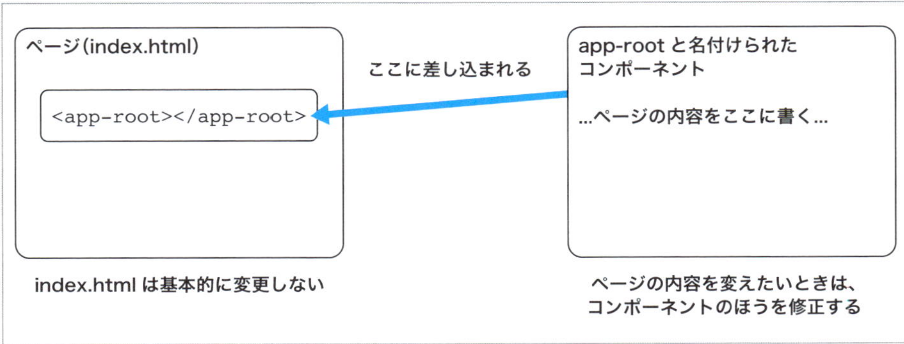

コンポーネントは、srcフォルダの下のappフォルダに格納するのが慣例です。

コンポーネントもページを構成する場合と同様に「テンプレート（*.html）」「TypeScriptのプログラム（*.ts）」「CSS（*.css）」で構成されますが、それに追加してもうひとつ、単体テストと呼ばれる開発中のテストをするときに使われる「テスト用のTypeScriptプログラム（*.spec.ts）」があります。

Angularアプリには、メインとなるコンポーネントがあり、それを「**ルートコンポーネント**」と言います。ルートコンポーネントは、app.component.*という名前のファイルで構成されます。また、appフォルダには、アプリケーション全体のプログラムを構成する「**モジュール**」と呼ばれるプログラムが、「app.module.ts」という名前で格納されています（**表4-1-3**）。

表 4-1-3　コンポーネント関係のファイル

フォルダまたはファイル名	用　途
app.module.ts	モジュールを構成するファイル
app.component.css	ルートコンポーネントのレイアウトを構成するCSSファイル
app.component.html	ルートコンポーネントを構成するHTMLファイル
app.component.ts	ルートコンポーネントを構成するTypeScriptファイル
app.component.spec.ts	ルートコンポーネントを構成する単体テスト用のTypeScriptファイル

COLUMN

単体テストとは

単体テストとは、コンポーネントなどのプログラムの部品単位で、正しく動作しているかを確認することです。ユニットテストとも呼ばれます。単体テスト（ユニットテスト）には、実際にプログラムの機能を実行して、想定する結果が得られるかどうかを判断するテスト用のプログラムを記述します。それが、*.spec.tsファイルです。

*.spec.tsファイルを作ると、Karmaというテストツールを使って、自動テストできるようになりますが、それは応用的な方法であり、Angularを使うのに必須ではないので、本書では説明を省略します。

■ ルートコンポーネントのプログラムを確認する

Visual Studio Codeを使って、これらのファイルには、どのような内容が記述されているのかを確認してみましょう。まずは、app.component.tsというTypeScriptのプログラムを確認しましょう。エクスプローラウィンドウで、app.component.tsファイルをクリックして開いてください（**図4-1-10**）。全文は、**リスト4-1-2**の通りです。

図 4-1-10　app.compontnet.ts ファイルを確認する

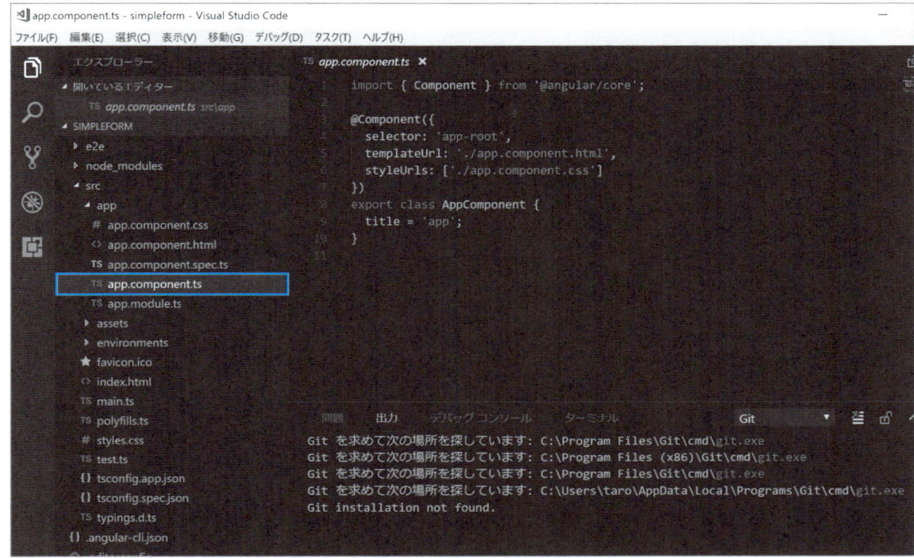

リスト 4-1-2　app.component.ts

```
1   import { Component } from '@angular/core';
2
3   @Component({
4     selector: 'app-root',
5     templateUrl: './app.component.html',
6     styleUrls: ['./app.component.css']
7   })
8   export class AppComponent {
9     title = 'app';
10  }
```

■ コンポーネントの名称

コンポーネントは、TypeScriptの「クラス」という機能を使って定義します。その定義方法は、次の通りです。

書式 コンポーネントの定義

```
export class コンポーネント名 {
  …このなかにプログラムを書く…
}
```

リスト4-1-2では、8～10行目に記述されています。「AppComponent」という名前のコンポーネントであり、そのなかには「title = 'app';」というプログラムがある構造だとわかります。

```
export class AppComponent {
  title = 'app';
}
```

■ 識別名やテンプレート、CSSとの関係を結び付けるデコレータ

コンポーネントでは、テンプレートから参照されるときの識別名や、結びつけるテンプレート、CSSとの関係も定義します。3〜7行目の箇所です。

```
@Component({
  selector: 'app-root',
  templateUrl: './app.component.html',
  styleUrls: ['./app.component.css']
})
```

このように**「@」で始まる設定は、TypeScriptに対して、動作の設定値を与える命令であり「デコレータ（デコレートとは修飾の意味）」と呼ばれます。**

Angularでは、コンポーネントに対して、**表4-1-4**に示すデコレータの値を設定することで、コンポーネントの動作を規定します。

なお、この値の定義は、「@angular/core」というモジュール（外部のプログラムのこと）に記述されています。そのため、「@Component」という表記を使うには、そのインポートが必要です。その設定は1行目にある、次の命令が相当します。

```
import { Component } from '@angular/core';
```

表 4-1-4　コンポーネントに対するデコレータの設定値

設定値	意　味	値
selector	識別名。このコンポーネントを他のHTMLファイルから参照するときの名称	'app-root'
templateUrl	テンプレートファイル名	'./app.component.html'
styleUrls	CSSファイル名。全体を「[」と「]」で囲み、複数値は「,」（カンマ）で区切った配列の形にしなければならない	['./app.component.css']

ここでselectorに「app-root」が指定されている点に注目してください。この指定により、テンプレートに「<app-root>」と書いたときは、このコンポーネントが、そこに差し込まれるという意味になります。

テンプレートと差し込む値の関係

デコレータによって、

```
templateUrl: './app.component.html',
```

が指定されているので、このコンポーネントが参照されたときは、app.component.htmlの内容がテンプレートして表示されます。

エクスプローラウィンドウで、app.component.htmlをクリックして内容を確認してみましょう（**図4-1-11**）。

図 4-1-11　app.component.htmlを確認する

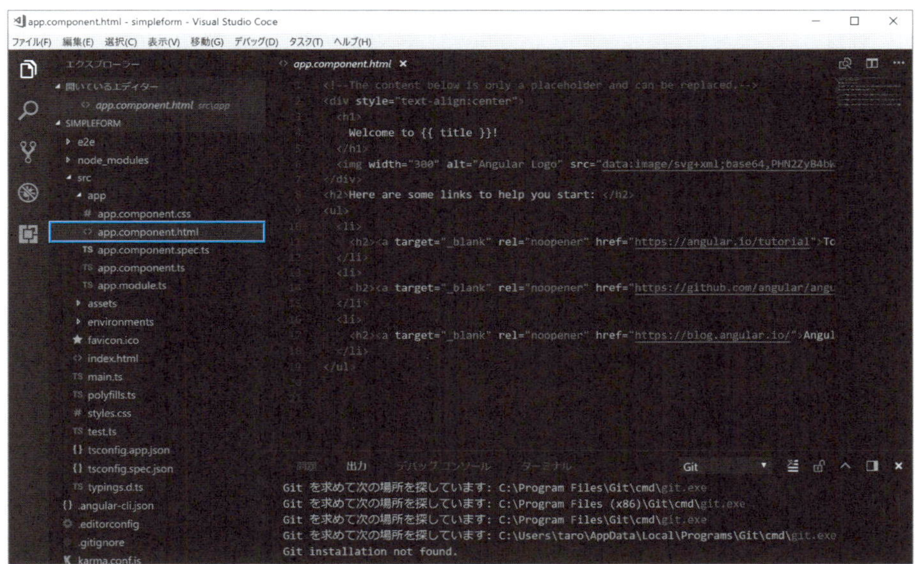

リスト 4-1-3　app.component.html

```
<!--The content below is only a placeholder and can be replaced.-->
<div style="text-align:center">
  <h1>
    Welcome to {{ title }}!
  </h1>
  <img width="300" alt="Angular Logo" src="data:image/svg+xml;base6
4,PHN2ZyB4bWxucz0iaHR0cDovL3d3dy53My5vcmcvMjAwMC9zdmciIHZpZXdCb3g9I
jAgMCAyNTAgMjUwIj4KICAgIDxwYXRoIGZpbGw9IiNERDAwMzEiIGQ9Ik0xMjUgMzBM
MzEuOSA2My4ybDE0LjIgMTIzLjFMMTI1IDIzMGw3OC45LTQzLjcgMTQuMi0xMjMuMXo
iIC8+CiAgICA8cGF0aCBmaWxsPSIjQzMwMDJGIiBkPSJNMTI1IDMwdjIyLjItLjFWMj
MwbDc4LjktNDMuNyAxNC4yLTEyMy4xTDEyNSAzMHoiIC8+CiAgICA8cGF0aCAgZmlsb
D0iI0ZGRkZGRiIgZD0iTTEyNSA1Mi4xTDY2LjggMTgyLjZoMjEuN2wxMS43LTI5LjJo
```

Chapter 4

```
NDkuNGwxMS43IDI5LjJIMTgzTDEyNSA1Mi4xem0xNyA4My4zaC0zNGwxNy00MC45IDE
3IDQwLjl6IiAvPgogIDwvc3ZnPg==">
</div>
<h2>Here are some links to help you start: </h2>
<ul>
  <li>
    <h2><a target="_blank" rel="noopener" href="https://angular.↵
io/tutorial">Tour of Heroes</a></h2>
  </li>
  <li>
    <h2><a target="_blank" rel="noopener" href="https://github.↵
com/angular/angular-cli/wiki">CLI Documentation</a></h2>
  </li>
  <li>
    <h2><a target="_blank" rel="noopener" href="https://blog.↵
angular.io/">Angular blog</a></h2>
  </li>
</ul>
```

リスト4-1-3を確認するとわかるように、ここには、**図4-1-7**で確認したときの「Welcome」や「Here are」のメッセージ、そしてAngularの画像があり、確かに表示されている内容を構成していることがわかります。

しかし、次の２点が少し気になるはずです。

❶ 画像がバイナリデータとして設定されている

一般に、画像を表示するには、HTMLでは「<img src="ファイル名">」という表記を使いますが、Angularの画像はこうしたファイルへの参照ではなく、バイナリデータとして、次のように記述されています。

```
<img width="300" alt="Angular Logo" src="data:image/svg+xml;base64,PHN
2ZyB4bWxucz0iaHR0cDovL3d3dy53My5vcmcvMjAwMC9zdmciIHZpZXdCb3g9IjAgMCAyN
TAgMjUwIj4KICAgIDxwYXRoIGZpbGw9IiNERDAwMzEiIGQ9Ik0xMjUgMzBMMzEuOSA2My4
ybDE0LjIgMTIzLjFMMTI1IDIzMGw3OC45LTQzLjcgMTQuMi0xMjMuMXoiIC8+CiAgICA8c
GF0aCBmaWxsPSIjQzMwMDJGIiBkPSJNMTI1IDMwdjIyLjItLjFWMjMwbDc4LjktNDMuNyA
xNC4yLTEyMy4xTDEyNSAzMHoiIC8+CiAgICA8cGF0aCAgZmlsbD0iI0ZGRkZGRiIgZD0iT
TEyNSA1Mi4xTDY2LjggMTgyLjZoMjEuN2wxMS43LTI5LjJoNDkuNGwxMS43IDI5LjJIMTg
zTDEyNSA1Mi4xem0xNyA4My4zaC0zNGwxNy00MC45IDE3IDQwLjl6IiAvPgogIDwvc3Zn
Pg==">
```

これは少し特殊な表記ですが、HTML5で許された「バイナリデータの埋め込み」です。Angularとは関係なく、HTML5の仕様なので、気にしないでください。

❷「{{title}}」という表記がある

画面には、「Welcome to app!」と表示されていますが、それに相当するテンプレートの部分は、次のようになっています。

```
Welcome to {{ title }}!
```

この「{{」と「}}」で囲まれた表記は、「**コンポーネントのプログラムによって定義された値を差し込む**」という、Angularにおける特別な表記です。

ここではコンポーネントの「title」という値を差し込もうとしています。では、コンポーネントのtitleというのはどこにあるのかというと、app.component.ts（**リスト4-1-2**）の8〜10行目に定義されています。

```
export class AppComponent {
  title = 'app';
}
```

ここではtitleに「'app'」という値が設定されています。すなわち、

```
Welcome to {{ title }}!
```

は、

```
Welcome to app!
```

のように置換され、このメッセージが画面に表示されるというわけです（**図4-1-12**）。

図 4-1-12　データが差し込まれる仕組み

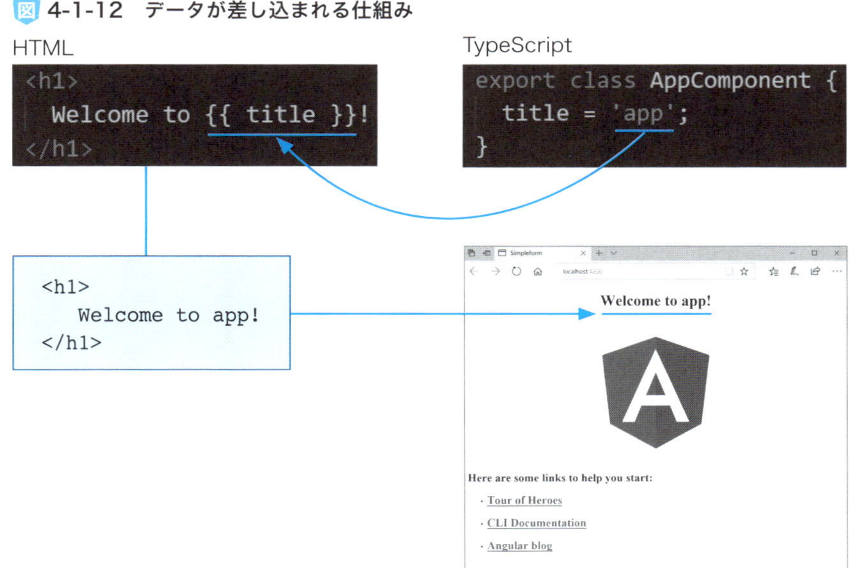

COLUMN

サニタイズ

HTMLにデータを表示するときは、「<」や「>」などのHTMLタグを「<」や「>」のように置換しないと、セキュリティ上の問題になることがあります（詳しい説明は省きますが、そうしないと、たとえば、「<script>」という文字を表示してしまうと、それがJavaScriptのプログラムとして実行されてしまうなどの弊害が起きます）。

Angularでは、そうしたことがないように、「{{値}}」という表記をしたときは、「<」や「>」が「<」や「>」に置換されるなどして安全に表示されます。この安全機構を「サニタイズ」と言います。ですから、「{{値}}」と書いても、セキュリティ的に安全です。

利用するコンポーネントなどを定義するモジュール

app.module.tsファイルは、アプリケーション全体の構造を定義するTypeScriptファイルであり、どのコンポーネントやライブラリを読み込むのかを設定します。デフォルトでは、**リスト4-1-4**に示す内容になっています。

「import」というのが、コンポーネントやライブラリを読み込むための設定です。ここでは、4行目の命令に注目しましょう。

```
import { AppComponent } from './app.component';
```

ここで先に説明した、ルートコンポーネントが読み込まれています。これによって、ルートコンポーネントが使える――テンプレートに「<app-root>」と書いたときにそれが動く――ようになります。

また14行目に

```
bootstrap: [AppComponent]
```

という表記がありますが、これは起動時に実行するコンポーネント――すなわち、ルートコンポーネント――として、AppComponentを利用することを示します。

リスト 4-1-4　app.module.ts

```
1  import { BrowserModule } from '@angular/platform-browser';
2  import { NgModule } from '@angular/core';
```

```
import { AppComponent } from './app.component';

@NgModule({
  declarations: [
    AppComponent,
  ],
  imports: [
    BrowserModule
  ],
  providers: [],
  bootstrap: [AppComponent]
})
export class AppModule { }
```

ページとコンポーネント連携のまとめ

ここまで説明してきた「ページ」と「コンポーネント」が、どのように連携しているのかを、**図4-1-13**にまとめておきます。

図示したように、AppComponentとapp.component.htmlでページの内容を記述し、それがセレクタapp-rootによって、ドキュメントルートのindex.htmlに読み込まれているという仕組みになります。少し複雑ですが、この他のパターンはありません。

ページを変更したい場合は、コンポーネントを構成するテンプレートを修正したり、コンポーネントから渡す値を変更したりします。そしてページを増やしたいときは、新しいコンポーネントを追加して、そこに実装していきます。

図 4-1-13　ページやコンポーネントの連携の構成

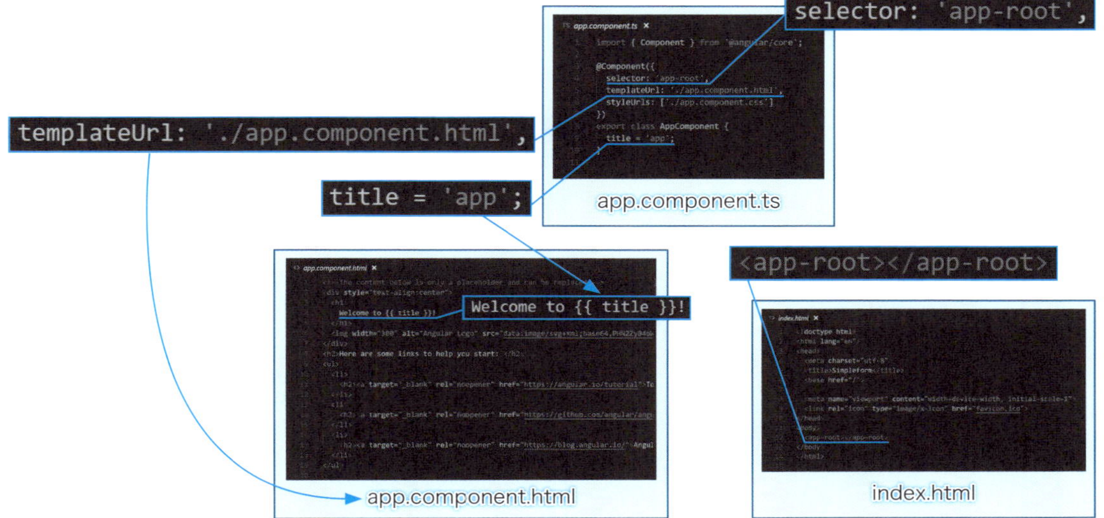

Chapter 4

Section 4-2 少しだけ改良してみよう

ここで、Angularプロジェクトを少し改良してみましょう。ここでは、「Welcome to app!」と表示されている部分を「Welcome to my page!」のように、表示するメッセージを変更してみます。

これまで説明したように、「app」というメッセージを設定しているのは、app.component.tsファイルの8行目、

```
export class AppComponent {
  title = 'app';
}
```

の部分です。そこでこれを、

```
export class AppComponent {
  title = 'my app';
}
```

に変更すれば、実現できるはずです。

Visual Studio Codeでプログラムを修正する

実際にやってみましょう。Visual Studio Codeでapp.component.tsファイルを開き、上記のように修正します。Visual Studio Codeでは、ファイルを編集して未保存のままだと、未保存である旨の丸いマークが表示されます（**図4-2-1**）。

図 4-2-1　Visual Studio Codeでapp.component.tsファイルを修正する

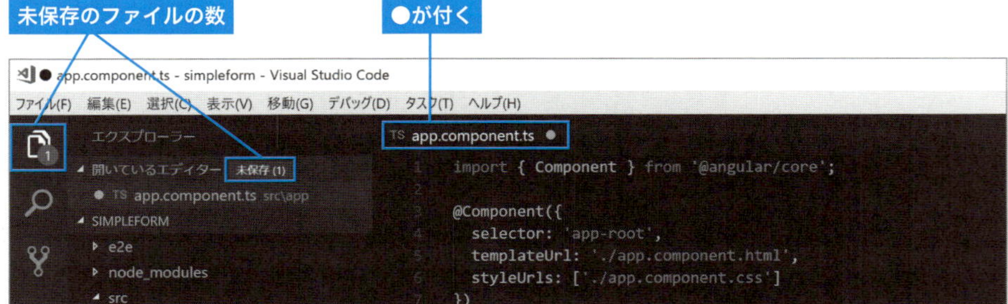

次のいずれかの方法でファイルを保存してください。

【方法1】 Ctrl + S キーを押す

【方法2】 ［ファイル］メニューから［保存］または［すべて保存］を選択する

変更したプログラムの反映

Chapter3から引き続き、この章へと読み進めてきた場合は、Windows PowerShellやコマンドプロンプトで、Angularのテストサーバが実行されているはずです。

Angularのテストサーバは、ファイルが保存されて変更を検知すると、自動的にビルドし直します。このときPowerShellやコマンドプロンプトには、その旨のメッセージが表示されますが、開発者は何もする必要はありません（**図4-2-2**）。

最後に「Compiled successfully.」と表示されれば、コンパイルの完了です。このときブラウザも自動的に再読み込みされ、メッセージが変わるはずです（**図4-2-3**）。

MEMO

コンパイルが完了するとブラウザのページは再読み込みされるはずですが、うまくいかないときは、ブラウザの［リロード］ボタンをクリックして、再読み込みしてください。

図 4-2-2　変更が検知され、再コンパイルされる

```
ng
PS C:¥Users¥taro¥Documents¥angular_projects¥simpleform> ng serve --open
** NG Live Development Server is listening on localhost:4200, open your browser
 20% building modules 86/86 modules 0 activewebpack: wait until bundle finisDate
Hash: d1d752e53a2c53d5026d
Time: 10513ms
chunk {inline} inline.bundle.js (inline) 3.85 kB [entry] [rendered]
chunk {main} main.bundle.js (main) 18 kB [initial] [rendered]
chunk {polyfills} polyfills.bundle.js (polyfills) 549 kB [initial] [rendered]
chunk {styles} styles.bundle.js (styles) 41.5 kB [initial] [rendered]
chunk {vendor} vendor.bundle.js (vendor) 7.42 MB [initial] [rendered]

webpack: Compiled successfully.
webpack: Compiling...
Date: 2018-02-27T10:39:10.154Z - Hash: dd6687e9f6a74eeb1881 - Time: 448ms
4 unchanged chunks
chunk {main} main.bundle.js (main) 18 kB [initial] [rendered]

webpack: Compiled successfully.
webpack: Compiling...
Date: 2018-02-27T10:39:41.775Z - Hash: d1d752e53a2c53d5026d - Time: 384ms
4 unchanged chunks
chunk {main} main.bundle.js (main) 18 kB [initial] [rendered]

webpack: Compiled successfully.
```

ファイルの変更を検知して再コンパイル

前回のコンパイルが完了

図 4-2-3　メッセージが変わった

Welcome to my app!

Here are some links to help you start:

- Tour of Heroes
- CLI Documentation
- Angular blog

COLUMN

Chapter3から引き続き操作していない場合

　Chapter3から引き続き操作しておらず、Angularのテストサーバを終了した場合は、もう一度、Angularのテストサーバを再実行してください。

　具体的には、Windows PowerShellやコマンドプロンプトを起動して、「ng serve --open」と入力します（Chapter3の**図3-3-1**を参照）。

Section 4-3

新しいコンポーネントを追加する

次に、このプロジェクトに新しくページを追加しましょう。そのためには、新しいコンポーネントを追加します。

ngコマンドでコンポーネントを追加する

コンポーネントを追加するには、appフォルダにコンポーネントを構成するテンプレートやTypeScriptファイル、CSSファイルを配置すればよいのですが、配置するだけではだめで、設定ファイルなどの変更も必要です。そこで通常は手作業で追加することはせず、ngコマンドを使ってコンポーネントを追加します。そうすれば設定ファイルも書き換わるからです。

PowerShellやコマンドプロンプトなどを起動し、cdコマンドを使ってsimpleformフォルダをカレントフォルダにしておいてください（Chapter3の「ビルドしてテスト用サーバで確認する」を参照）。

そして次のように、「g component 作成するコンポーネント名」を指定して、ngコマンドを実行します。コンポーネント名は、何でもかまいませんが、ここでは「simple-form」という名前にします。この場合、次のように実行します（**図4-3-1**）。

書式 コンポーネントを追加する

```
ng g component simple-form
```

図 4-3-1 「ng g component」を実行して、新しいコンポーネントを追加する

```
Windows PowerShell
PS C:¥Users¥taro¥Documents¥angular_projects¥simpleform> ng g component simple-form
  create src/app/simple-form/simple-form.component.html (30 bytes)
  create src/app/simple-form/simple-form.component.spec.ts (657 bytes)
  create src/app/simple-form/simple-form.component.ts (288 bytes)
  create src/app/simple-form/simple-form.component.css (0 bytes)
  update src/app/app.module.ts (416 bytes)
PS C:¥Users¥taro¥Documents¥angular_projects¥simpleform> _
```

表 4-3-1　ngコマンドに指定する値の意味

引　数	意　味
g	「generate（生成）」の略
component	コンポーネントを構成するファイルの作成や登録をする
simple-form	コンポーネント名

作成されたコンポーネントを構成するファイルの確認

実行すると、次のメッセージが表示されることからわかるように、「simple-form」というフォルダが作られ、そのなかにコンポーネントを構成するファイルが格納されます。また、app/ app.module.tsファイルが更新されます。

```
create src/app/simple-form/simple-form.component.html (30 bytes)
create src/app/simple-form/simple-form.component.spec.ts (657 bytes)
create src/app/simple-form/simple-form.component.ts (288 bytes)
create src/app/simple-form/simple-form.component.css (0 bytes)
update src/app/app.module.ts (416 bytes)
```

simple-formフォルダに格納されるファイル群の意味は、appフォルダにあるものと同等です（**表4-3-2**）。

表 4-3-2　simple-formコンポーネントを構成するファイル

フォルダまたはファイル名	用　途
simple-form.component.css	コンポーネントのレイアウトを構成するCSSファイル
simple-form.component.html	コンポーネントを構成するHTMLファイル（テンプレート）
simple-form.component.ts	コンポーネントを構成するTypeScriptファイル
simple-form.component.spec.ts	コンポーネントを構成する単体テスト用のTypeScriptファイル

これらのファイルをVisual Studio Codeのエクスプローラウィンドウでも確認しておきましょう（**図4-3-2**）。

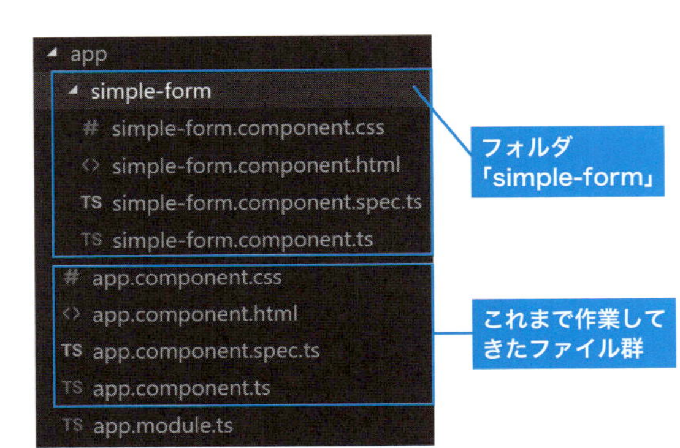

図 4-3-2　コンポーネントを構成するファイルを確認する

エクスプローラウィンドウで、それぞれのファイルをクリックすると、その中身を確認できます。

❶ TypeScriptファイル（simple-form.component.ts）

内容は、**リスト4-3-1**のように構成されています。8行目以降に

```
export class SimpleFormComponent …略…
```

と記述されており、コンポーネント名は「SimpleFormComponent」です。コンポーネントの名前は、「**作成したコンポーネントの名前のハイフンで区切られた部分を大文字にして、末尾にComponentと付けた名前**」となります。

また、@Componentデコレータによって、識別名「app-simple-form」が設定され、テンプレートやCSSのファイルが構成されていることがわかります。

前述したapp-component.tsに比べて、「constructor」や「ngOnInit」という設定があるなど、少し構成が違いますが、基本的な構造は同じです。「constructor」や「ngOnInit」には、コンポーネントが最初に参照されるときの初期設定を記述したいときに使います。自動生成されたプログラムでは、どちらも「{}」のように、中身が空（から）になっていて、初期化するときに何か実行するプログラムは、何もありません（もし初期設定をしたいなら、この「{」と「}」で囲まれた部分に、TypeScriptのプログラムを記述します）。

リスト 4-3-1　simple-form.component.ts

```
1  import { Component, OnInit } from '@angular/core';
2  
3  @Component({
4    selector: 'app-simple-form',
5    templateUrl: './simple-form.component.html',
6    styleUrls: ['./simple-form.component.css']
7  })
8  export class SimpleFormComponent implements OnInit {
9  
10   constructor() { }
11 
12   ngOnInit() {
13   }
14 
15 }
```

❷ テンプレートファイル（simple-form.component.html）

テンプレートとなるファイルです。**リスト4-3-2**のように「simple-form works!」という内容が表示されるだけとなっています。

リスト 4-3-2　simple-form.component.html

```
<p>
  simple-form works!
</p>
```

❸ simple-form.component.css

CSSファイルです。中身は空っぽです。

コンポーネントの利用を定義するapp.module.tsの更新

Angularアプリでは、利用するコンポーネントをapp.module.tsで定義する必要があります。そのため、「ng g component コンポーネント名」を実行すると、app.module.tsに、いま作成したコンポーネントが追加されます。

実際に、app.modules.tsを確認すると、**リスト4-3-3**の6行目にある

```
import { SimpleFormComponent } from './simple-form/simple-form
.component';
```

や、10〜13行目のように、

```
  declarations: [
    AppComponent,
    SimpleFormComponent
  ],
```

「SimpleFormComponent」というコンポーネントの参照が追加されていることがわかります。このように構成されることによって、Angularプロジェクトで、いま作成したコンポーネントが利用できるようになります。

もし、さらに「ng g component コンポーネント名」を実行して、コンポーネントを追加した場合は、それらのコンポーネントの参照も、同様にこのapp.module.tsに追記されていきます。

リスト 4-3-3　変更されたapp.modules.ts

```
1  import { BrowserModule } from '@angular/platform-browser';
2  import { NgModule } from '@angular/core';
3
4
5  import { AppComponent } from './app.component';
6  import { SimpleFormComponent } from './simple-form/simple-form
   .component';
7
```

```
@NgModule({
  declarations: [
    AppComponent,
    SimpleFormComponent
  ],
  imports: [
    BrowserModule
  ],
  providers: [],
  bootstrap: [AppComponent]
})
export class AppModule { }
```

新しく追加したコンポーネントの動作を確認する

さて、このようにして追加したsimple-formコンポーネントは、実行されるとテンプレートに記されている通り、「simple-form works!」と表示されるはずです。実際に、その動作を確認したいと思います。

しかし、この段階では、テストサーバ上でのアドレスがまだ決まっていない（ルーティングされていない）ので、ブラウザでアドレスを指定して開くことができません。そのための設定は少し複雑なので、Chapter9で改めて説明することにして、ここでは簡便な確認方法をとりたいと思います。

すでに説明したように、コンポーネントはテンプレートから「<識別名>」のように、コンポーネントの識別名を記述することで読み込まれます。**リスト4-3-1**に示したように、新しく追加したsimple-formコンポーネントの識別名は、selectorに「app-simple-form」と設定されています。

```
@Component({
  selector: 'app-simple-form',
  templateUrl: './simple-form.component.html',
  styleUrls: ['./simple-form.component.css']
})
```

そこで、ルートコンポーネントのテンプレートであるapp.component.htmlファイルに、

```
<app-simple-form></app-simple-form>
```

と書けば、このsimple-formコンポーネントの内容が埋め込まれます。

実際にやってみましょう。

Visual Studio Codeで「app.complent.html」を開いて、いま記述されている内容を「<!--」と「-->」ではさんでください。そうすると、「コメントアウト」したことになり、該当の部分が表示されなくなります。そうしてから1行目に、次のように記述します（**図4-3-3**）。

```
<app-simple-form></app-simple-form>
```

図 4-3-3　index.htmlを変更する

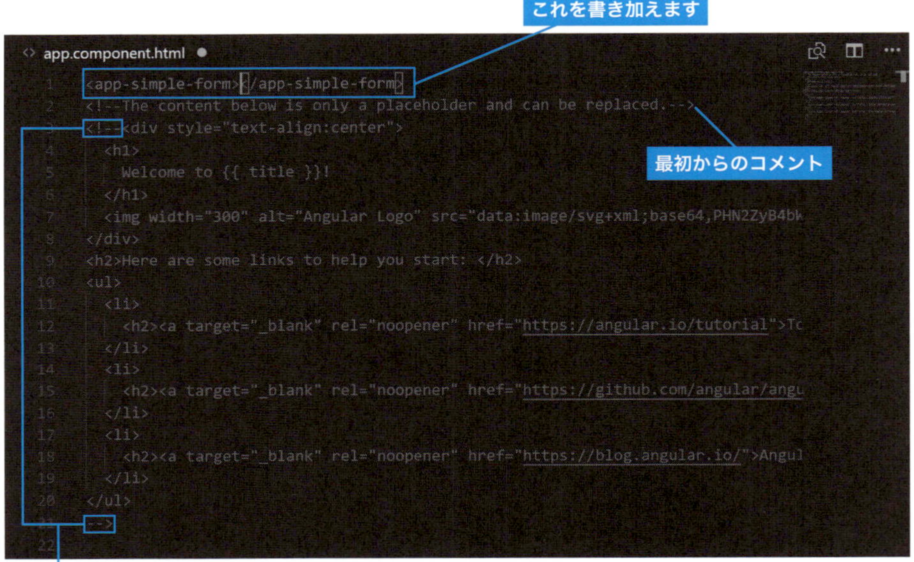

ファイルを保存すると、ブラウザが再読み込みされ、小さく「simple-form works!」という表示に変わります（**図4-3-4**）。これはまさに、**リスト4-3-2**（➡P.86）で出力しているテンプレートそのものです。

MEMO

app.component.htmlではなく、index.htmlに「<app-simple-form></app-simple-form>」と記述しても、simple-formコンポーネントを利用できません。これは、simple-formの読み込み設定が、「app.module.ts」に記述されているからです。index.htmlで利用するには、index.htmlと結び付いているmain.tsにsimple-formの読み込みの設定をしなければなりませんが、「ng g component」で追加したときは、app.module.tsにしか追加されないためです。

図 4-3-4　simple-form コンポーネントの内容に変わった

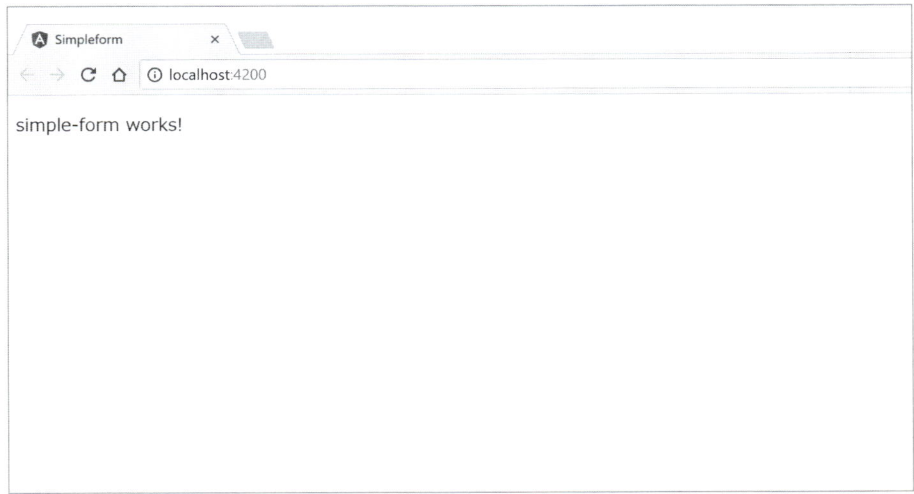

Chapter 4のまとめ

この章では、自動的に作成されたプロジェクトの構造および、その動作を変えるにはどのようにしなければならないのかを説明しました。

まとめると、学習した内容は次の通りです。

❶ ページはテンプレート、TypeScript、CSSで構成される

1つのページはテンプレート、TypeScript、CSSで構成されます。

❷ ページではコンポーネントを利用する

ページでは、コンポーネントと呼ばれる部品を読み込んでページを構成します。

コンポーネントもページと同様に、テンプレート、TypeScript、CSS(そして、本書では扱いませんが、単体テスト用のTypeScript)で構成されます。

❸ ページにはコンポーネントのデータを「{{プロパティ}}」という表記で差し込める

ページに「{{プロパティ}}」という表記で記述すると、コンポーネントで定義されているデータを、そこに埋め込めます。

❹ コンポーネントを追加するには「ng g component コンポーネント」を実行する

コンポーネントを追加したいときは、「ng g component コンポーネント名」を実行します。すると、そのappフォルダの下にコンポーネント名のフォルダができ、テンプレート、TypeScript、CSS(そして、本書では扱いませんが、単体テスト用のTypeScript)が作成されます。

このときapp.module.tsファイルに、作られたコンポーネントを参照するための設定が追加され、作成したコンポーネントが利用可能になります。

次章では、このページで作成した「simple-form works!」とだけ表示されるコンポーネントを改良し、ページで文字入力したり、計算した結果を表示したりできる仕組みを作っていきます。

入力フォームを作ってみよう

前章では、コンポーネントを作成して、新しいページを作りました。

この章では、このコンポーネントに文字入力するための入力フォームを作り、プログラムから入力フォームを操作する方法を習得します。

Section

5-1 足し算アプリを作る

この章では、入力フォームを使った簡単なサンプルとして、「足し算アプリ」を取り上げます。作成するのは、**図5-1-1**のように2つのテキストボックスと［CALC］というボタンがあるページです。それぞれに数値を入力して［CALC］ボタンをクリックすると、その数値を足し算した結果が画面に表示されるプログラムを作ります。

このページは、前章で作成したsimple-formコンポーネントを編集することで作ります。すなわち、前章では、「simple-form works!」とだけ表示されていたものを、足し算アプリに作り替えていくというのが、この章の内容です（**図5-1-2**）。

このサンプルを通じて、Angularにおいてユーザーがテキストボックスに入力した値をどのように取得するのか、そして計算結果などを画面に表示するには、どのようにすればよいのか——その方法を習得します。

図 5-1-1　この章で作る足し算アプリ

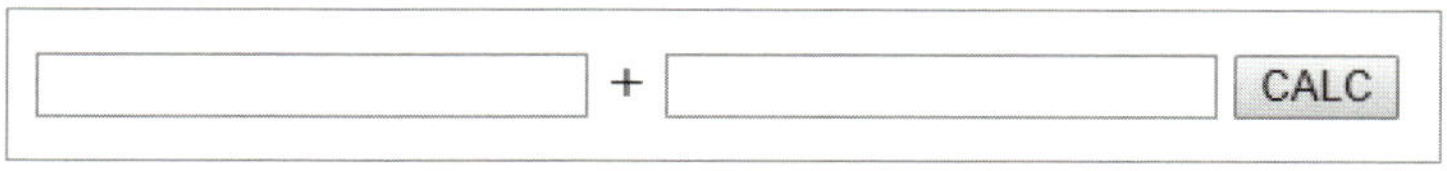

+ CALC

図 5-1-2　simple-formコンポーネントを足し算アプリに変更する

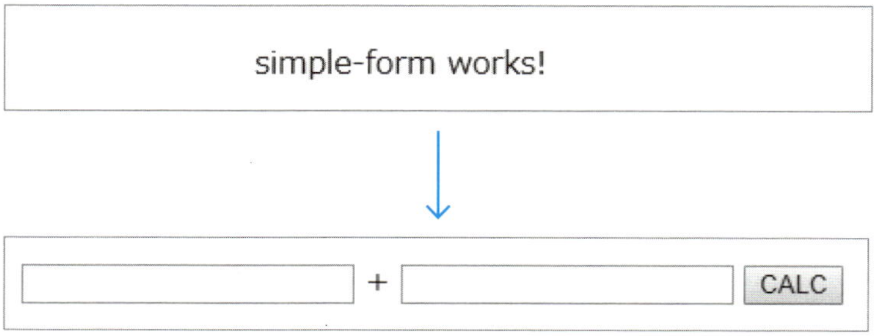

simple-form works!

↓

+ CALC

Section 5-2 フォームと文字列の出力部分を作成する

まずは、**図5-1-1**の画面の見栄えを調整しながら、作成していきます。

入力フォームを作る

Angularでは、画面をテンプレートファイルとして作成します。すでにChapter4で見てきたように、simple-form.component.htmlというファイルがそのテンプレートです。Chapter4では、**リスト4-3-2**に示したように、「<p>simple-form works!</p>」とだけ書かれているので、これを**図5-1-1**のように、2つのテキストボックスと［CALC］ボタンを表示するように構成します。そのテンプレートの基本構造は**リスト5-2-1**のようになります。

リスト 5-2-1　2つのテキストボックスと［CALC］ボタンを表示するように構成したテンプレート（simple-form.component.html）

```
1  <input>
2  +
3  <input>
4  <button>CALC</button>
```

リスト5-2-1は、ただのHTML表記です。この段階では、プログラムとして何か動くわけではありません。ファイルを保存すると、それを検知してブラウザがリロードし、2つのテキストボックスと［CALC］と書かれたボタンが表示されるはずです（**図5-2-1**）。

なお、2行目に記述した「+」は、（計算式ではなく）単なる文字として、そのままテキストボックスの間に表示されています。まだプログラムは何も書いていないので、［CALC］ボタンをクリックしても、何も起こりません。

図 5-2-1　テンプレートをリスト5-2-1に変更したときの結果

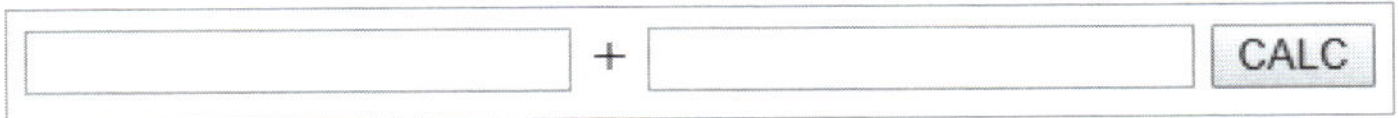

Chapter 5

計算結果を表示する箇所を作る

次に、TypeScriptのプログラムと連携する箇所を作っていきます。画面の末尾に、「計算結果を表示する場所」を確保します。**リスト5-2-1**の末尾に太字の部分を追加し、**リスト5-2-2**のようにしてください。

リスト 5-2-2　末尾に計算結果を表示する箇所を追加する 

```
<input>
+
<input>
<button>CALC</button>
<div>{{result}}</div>
```

この「{{」と「}}」で囲む表記は、Chapter4で説明したように、コンポーネントのプロパティの値をそこに埋め込むための表記です。この例では、「{{result}}」と書いているので、コンポーネントのresultプロパティの値が差し込まれます。

プロパティを作る

この段階では、まだコンポーネントにresultプロパティを作っていないので、「<div>{{result}}</div>」の「{{result}}」の箇所は空欄となります。すなわち画面出力は、「<div></div>」となります。<div>はHTMLのブロック要素を示すタグであり、文字として何か表示されることはありません。

次に、コンポーネントを構成するTypeScriptのプログラムを修正して、このresultプロパティを作っていきましょう。コンポーネントを構成するプログラムは、simple-form.component.tsです。Visual Studio Codeで開くと、**リスト5-2-3**のようになっているはずです。これを**リスト5-2-4**のように修正します。太字の部分が追加した箇所です。

リスト 5-2-3　simple-form.components.ts（修正前）

```
import { Component, OnInit } from '@angular/core';

@Component({
  selector: 'app-simple-form',
  templateUrl: './simple-form.component.html',
  styleUrls: ['./simple-form.component.css']
})
export class SimpleFormComponent implements OnInit {

  constructor() { }

```

```
  ngOnInit() {
  }

}
```

リスト 5-2-4 simple-form.components.ts（修正後） 

```
1  import { Component, OnInit } from '@angular/core';
2  
3  @Component({
4    selector: 'app-simple-form',
5    templateUrl: './simple-form.component.html',
6    styleUrls: ['./simple-form.component.css']
7  })
8  export class SimpleFormComponent implements OnInit {
9    result:string="足し算しましょう";
10   constructor() { }
11 
12   ngOnInit() {
13   }
14 
15 }
```


プロパティを追加する方法はいくつかありますが、ここでは「クラスのなかに、変数を宣言する」という方法をとりました。変数というのは、値を格納できる箱のようなものです。

追加したのは、9行目の部分です。

```
result:string="足し算しましょう";
```

この1行を追記することによって、クラスにresultという名前の変数が作られ、それがresultプロパティとして機能するようになります。「=」の右側に表記しているのは設定する値で、ここでは「足し算しましょう」という文字列に設定しました。

実際にプログラムを修正すると、ブラウザには、「足し算しましょう」と表示されるようになります（**図5-2-2**）。

resultプロパティ（result変数）とテンプレートの「{{result}}」は連動しているので、resultプロパティの値を変更すれば、当然ブラウザに表示されるメッセージも変わります。すぐあとに、2つのテキストボックスに入力された数値を足し算して計算結果を表示する処理では、計算結果をこのresultプロパティに設定するように作ります。そうすれば計算結果が、いま「足し算しましょう」と表示されている場所に表示されます。

図 5-2-2 「足し算しましょう」と表示された

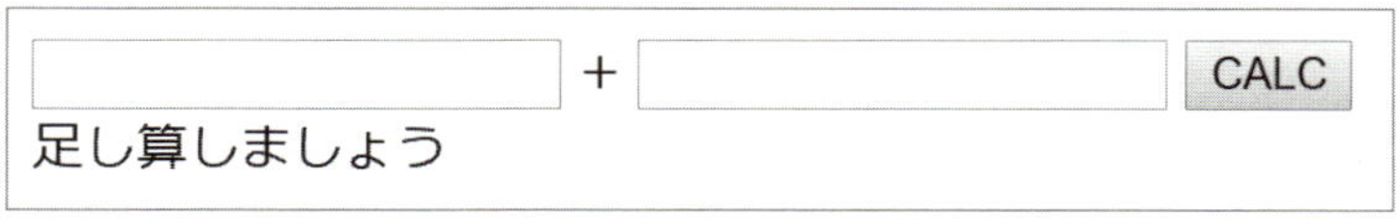

	+		CALC

足し算しましょう

TypeScriptでは型を指定する

実は先ほど追加した、

```
result:string="足し算しましょう";
```

という行は、

```
result="足し算しましょう";
```

のように記述しても動作します。

では「:string」は何かというと、この変数が「文字列である」ということを明記するための表記です。「:」はTypeScriptにおいて、「型（かた）」と呼ばれるデータの種類を指定するための記述です。

「string」は、TypeScriptにおいて文字列を示す型です。ちなみに、文字列ではなくて数値を示すときには、「number」という型を使います。ほかにも、さまざまな型がありますが、最初に覚えておきたいのは「:string」と「:number」です。前者は文字列を、後者は数値を保存できる変数を用意します。

TypeScriptの型

```
文字列を保存する変数    変数名:string
数値を保存する変数      変数名:number
```

COLUMN

Visual Studio Codeでの操作

本文で示している**リスト5-2-4**の入力画面は、**図5-2-A**のようになります。自動生成されるプログラムでは、クラス定義のなかに「constructor(){}」と「ngOnInit(){}」という箇所がありますが、本書ではこれらの機能は使いません。前者は、このコンポーネントが作られるときに実行したいプログラムを、後者はAngularによって、このコンポーネントが初期化されるときに実行したいプログラムを書く場所です。

図 5-2-A　リスト 5-2-4を入力しているところ

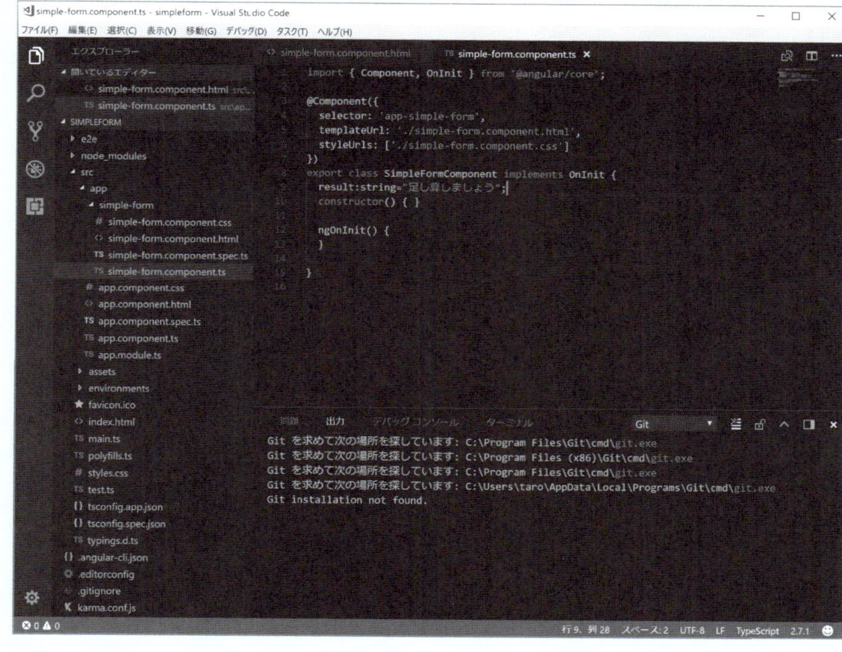

Chapter 5

Section 5-3

ボタンがクリックされたときの処理を作る

次に［CALC］ボタンがクリックされたときの処理を記述します。最終的には、［CALC］ボタンをクリックしたときに、2つのテキストボックスに入力された数を足し算し、その結果を表示する処理――となるのですが、最初から作ると複雑でわかりにくくなるので、まずは［CALC］ボタンがクリックされたときに、画面に「これはテスト」と表示するだけのものを作ってみます（**図5-3-1**）。

図 5-3-1　［CALC］ボタンがクリックされたときに画面に「これはテスト」と表示する

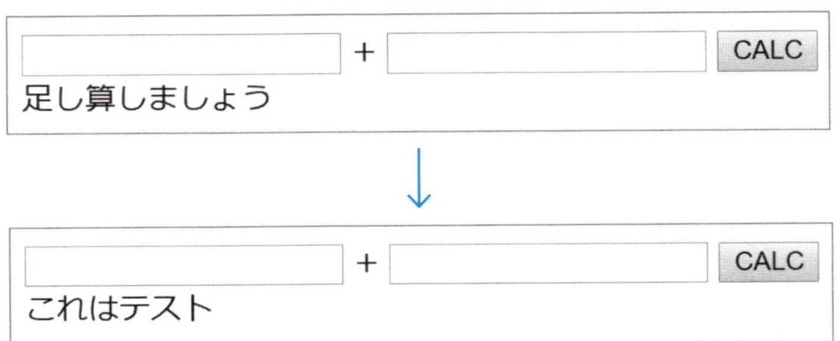

ボタンがクリックされたときの処理を記述する方法

ボタンがクリックされたときの処理を記述するには、次のようにします。

❶ 実行する処理をコンポーネント側にメソッドとして実装する

ボタンがクリックされたときに実行したいプログラムを、コンポーネントのメソッドとして記述します。メソッドとはコンポーネントにおけるプログラムの塊のことで、好きな名前を付けられます。メソッドの名前は何でもよいのですが、仮に「addAndShow」という名前だとすると、次のように記述します。

書式 メソッドの実装

```
export class SimpleFormComponent implements OnInit {
    …略…
    addAndShow() : void {
        実行したい処理をここに書く
    }
}
```

❷ テンプレート側のボタンと❶のメソッドとを結びつける

テンプレート上のボタンと❶のメソッドとを結びつけます。現在、テンプレートにおいて「CALC」と書かれたボタンは、次のようにしています。

```
<button>CALC</button>
```

これを次のように変更します。

```
<button (click)="addAndShow()">CALC</button>
```

これはAngularの特殊な記法で、ボタン上で「click（クリックされた）」という事象（イベント）が発生したときは、addAndShowという名前のメソッドを実行する——❶で定義したメソッドを実行する——という意味になります。

❶❷の工程からわかるように、ボタンがクリックされたときの処理を記述するには、コンポーネント側とテンプレート側の連携が不可欠です。あらかじめコンポーネント側に実行したい処理をメソッドとして記述しておいて、テンプレート側では「(click)="メソッド名"」という表記を使うことではじめて、ボタンがクリックされたときに、何かプログラムを実行できるようになります（**図5-3-2**）。

図 5-3-2　コンポーネントに処理したい内容をメソッドとして実装し、テンプレートの(click)のところでそれを指定する

テンプレート
<input>
+
<input>
<button (click)="addAndShow()">CALC</button>
クリックすると実行
コンポーネントのプログラム
class…{
addAndShow():void {
…実行したい処理を書く…
}
}
(click)=" メソッド名 ()" と記述すると、
クリックしたときに、その処理が実行されるようになる
実行したい処理はメソッドとして
記述しておく

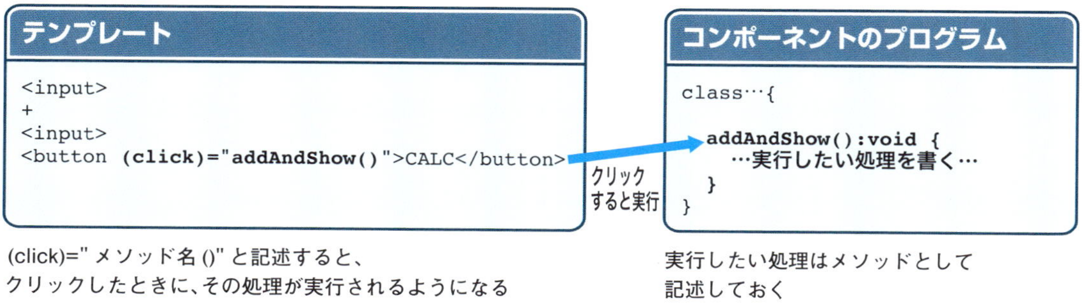

クリックされたときに実行したい処理をメソッドとして書く

では、実際にプログラミングしていきましょう。まずは、コンポーネントに、ボタンがクリックされたときに実行するメソッドを作ります。メソッドの名前は何でもかまいませんが、ここではaddAndShowとします。Visual Studio Codeでsimple-form.component.tsファイルを開き、**リスト5-3-1**のプログラムを記述してください。記述する場所は、「export class SimpleFormComponent implements OnInit {」と「}」の間です（**図5-3-3**）。

リスト 5-3-1　addAndShowメソッド

```
addAndShow():void {
    this.result=" これはテスト ";
}
```

図 5-3-3　addAndShowメソッドを実装する

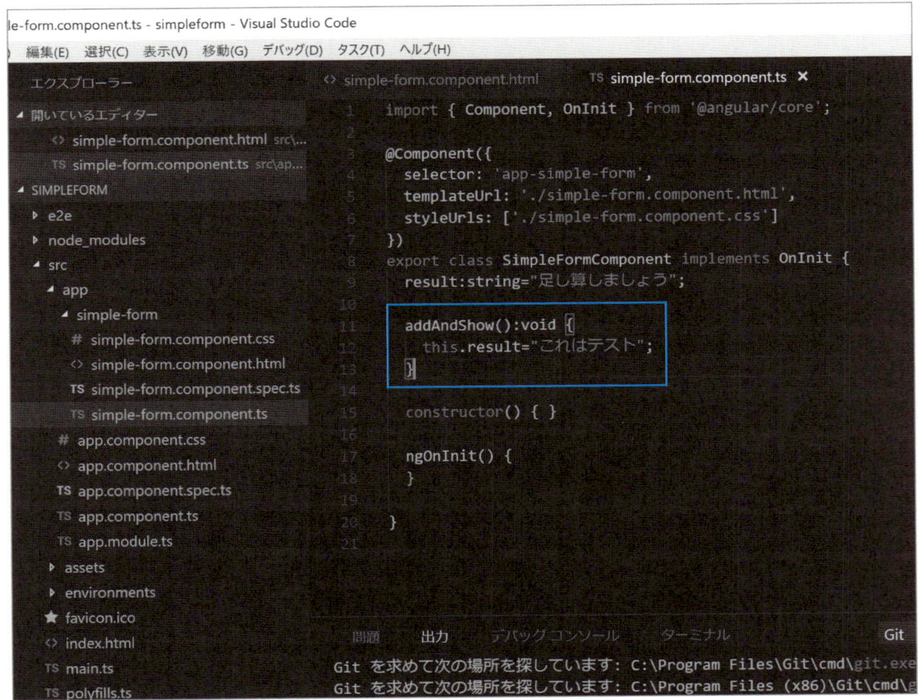

リスト5-3-1は、TypeScriptの文法でメソッドの定義を書いています。

メソッドには、カッコのなかに「引数（ひきすう）」と呼ばれる値を渡す機能がありますが、ここでは利用しないので、カッコのなかには何も書きません。

```
addAndShow()
```

そのあとの「:void」というのは、このメソッドから値を戻すときのデータ型です。たとえば、計算結果や処理結果を結果として戻す場合に使う機能ですが、ここでは利用していません。そのような場合には「void」を指定すると、「値を戻さない」という意味になります。

```
addAndShow():void
```

voidは省略することもできますが、メソッドは「メソッド名(引数の一覧):型」のように定義するのが定型のスタイルなので、ここでは省略せずに記述しました。

その後ろの「{」と「}」で囲った部分が、メソッドが実行されたときに実行する命令文となります。この例では、次のように「this.result="これはテスト";」という文を指定しました。**TypeScriptでは（そしてJavaScriptでも）、文の末には「;」（セミコロン）を記述する決まり**があります。

```
this.result="これはテスト";
```

「this」は「このクラスから生成されるオブジェクト」を意味します。Angularでは、コンポーネントがそのオブジェクトに相当します。

先の**リスト5-2-2**では、SimpleFormComponentというコンポーネントにresultというプロパティ（変数）を作りました。この変数を参照するには、「this.result」と同じく、「このオブジェクト（コンポーネント）に存在するresultプロパティ」のように、「this.」をつけなければなりません。

「this.result = "これはテスト";」のようにしているので、文が実行されると、resultプロパティの値は「これはテスト」となります。先のテンプレートでは、

```
{{result}}
```

と書いてありましたが、resultプロパティの値が変わることになるので、この部分が「これはテスト」に変わります。つまり、画面の文字が「これはテスト」に差し替わります。

COLUMN

Visual Studio Codeの自動補完機能

Visual Studio Codeにはコードの自動補完機能があり、「.」などの区切り記号を入力したときに、その後ろの入力候補が表示されます。入力候補から選べば簡単ですし、入力間違いも減ります（**図5-3-A**）。このような補完機能のことを、インテリセンス機能といいます。

図 5-3-A　候補から選ぶ

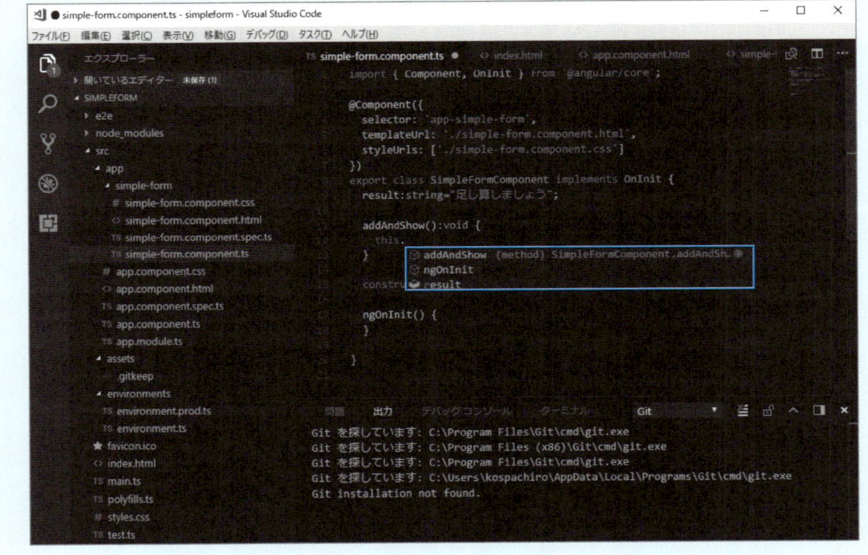

ボタンがクリックされたときにメソッドを実行する

次に、ボタンがクリックされたときに、いま作ったaddAndShowメソッドを実行するように構成します。そのためには、Visual Studio Codeでテンプレートファイルとなるsimple-form.component.htmlを開いて、「<button>CALC</button>」と書かれているところを、次のように修正します（**図5-3-4**）。

```
<button>CALC</button>
```

```
<button (click)="addAndShow()">CALC</button>
```

図 5-3-4　修正したところ

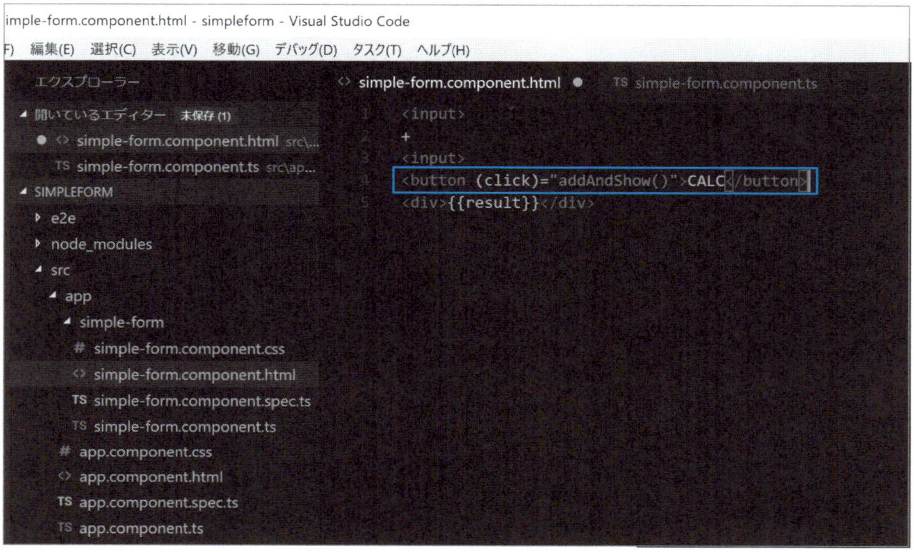

imple-form.component.html - simpleform - Visual Studio Code

F)　編集(E)　選択(C)　表示(V)　移動(G)　デバッグ(D)　タスク(T)　ヘルプ(H)

エクスプローラー　simple-form.component.html ●　TS simple-form.component.ts

開いているエディター　未保存 (1)
● simple-form.component.html src\...
TS simple-form.component.ts src\ap...
SIMPLEFORM
e2e
node_modules
src
app
simple-form
simple-form.component.css
simple-form.component.html
TS simple-form.component.spec.ts
TS simple-form.component.ts
app.component.css
app.component.html
TS app.component.spec.ts
TS app.component.ts

```
<input>
+
<input>
<button (click)="addAndShow()">CALC</button>
<div>{{result}}</div>
```

こうすることで、クリックしたときに、addAndShowメソッドが実行されます。すでに説明したように、addAndShowメソッドでは、resultプロパティの値を「これはテスト」に変更しているので、テンプレートの「{{result}}」の部分が、「これはテスト」に変わります（**図5-3-5**）。

MEMO

もう一度、動作テストしたいときは、ブラウザの［リロード］ボタンをクリックして、リロード（再読込み）してください。すると最初からプログラムが実行されるのでresultプロパティの値が、最初の「足し算しましょう」に戻り、もう一度テストできます。

図 5-3-5　ボタンをクリックしたときに「これはテスト」というメッセージに変わる仕組み

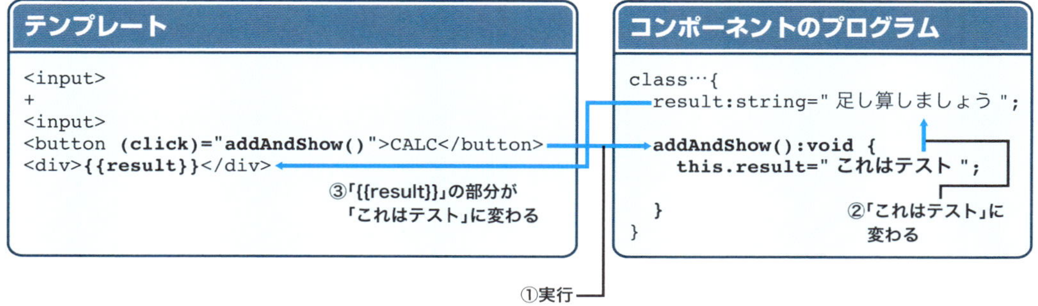

テンプレート
<input>
+
<input>
<button (click)="addAndShow()">CALC</button>
<div>{{result}}</div>
③「{{result}}」の部分が「これはテスト」に変わる
コンポーネントのプログラム
class…{
result:string="足し算しましょう";
addAndShow():void {
this.result="これはテスト";
}
}
②「これはテスト」に変わる
①実行

Section 5-4

テキストボックスから値を読み込む

これで、ボタンがクリックされたときに、何かプログラムを実行したり、メッセージを画面に差し込んだりする方法がわかりました。次に、テキストボックスに入力された値を読み込む処理を作っていきましょう。

テキストボックスを操作する仕組み

Angularでテキストボックスを操作する方法はいくつかありますが、FormsModuleと呼ばれるモジュールを使うのが簡単です。FormsModuleを使ってテキストボックスから値を読み取るプログラムを作る流れは、次のようになります。

❶ FormsModuleを使えるようにする

ngコマンドを使って自動生成したプロジェクトでは、最初はFormsModuleが使えるようになっていません。Angularアプリの設定ファイルであるapp.module.tsファイルを修正して、FormsModuleを使えるようにします。

❷ プロパティ（変数）を用意する

コンポーネントに対して、テキストボックスに入力された値を受け取るプロパティ（変数）を実装します。今回の足し算の例では、2つのテキストボックスがあるので、それぞれに対応するプロパティ（変数）を用意します。テキストボックスに入力される値は文字列なので、string型で定義します。たとえば、text1、text2という名前のプロパティ（変数）であれば、コンポーネントに対して、次の行を追加します。

```
text1:string;
text2:string;
```

❸ テキストボックスとプロパティを関連付ける

❷で作成したプロパティ（変数）と、テンプレート上のテキストボックスとを結びつけます。結びつけるには、次のように記述します。

```
<input [(ngModel)]=" プロパティ名 ">
```

❷ではtext1とtext2という名前のプロパティを用意しているので、それぞれ、次のように結びつけます。

```
<input [(ngModel)]="text1">
<input [(ngModel)]="text2">
```

この関連付けは、双方向です。ユーザーが入力した値を、それぞれthis.text1、this.text2として取得できるだけでなく、this.text1に値を設定すれば、その値が画面に表示されます（**図5-4-1**）。

図 5-4-1　テキストボックスを読み書きする仕組み

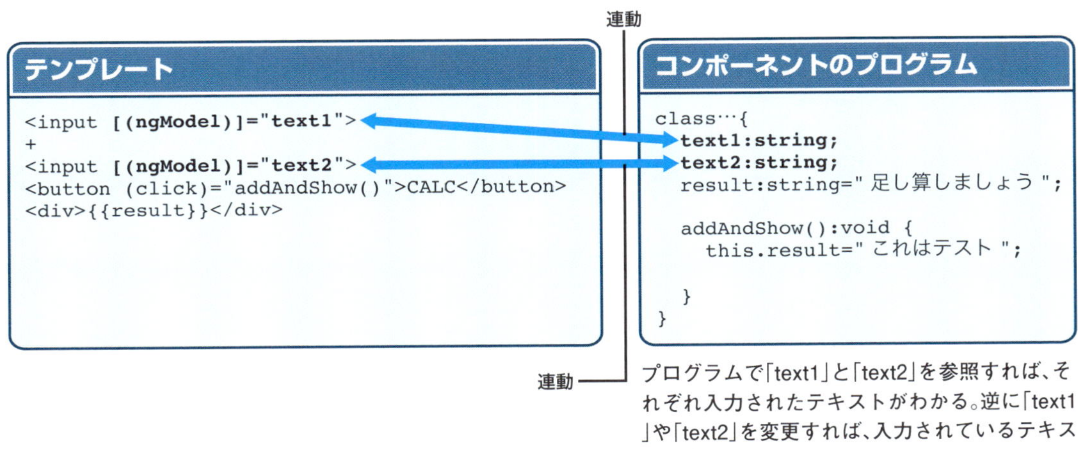

Chapter 5

 FormsModuleを使えるようにする

では、順に操作していきましょう。まずは、FormsModuleを使えるようにします。そのためには、app.module.tsファイルを編集します。Visual Studio Codeでapp.module.tsファイルを開いてください（**図5-4-2**）。

図 5-4-2　app.module.tsファイルを開く

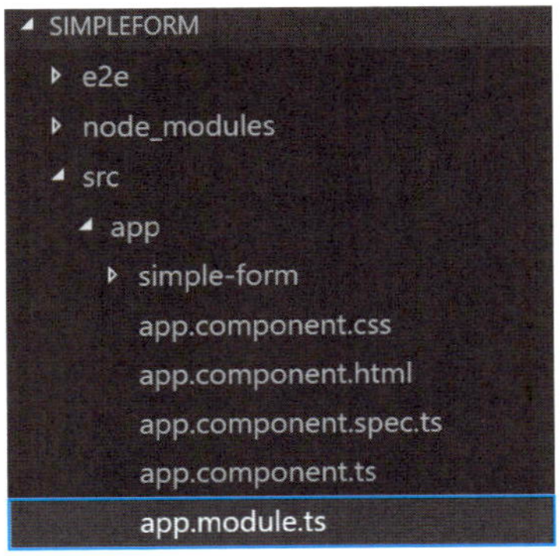

- SIMPLEFORM
  - e2e
  - node_modules
  - src
    - app
      - simple-form
      - app.component.css
      - app.component.html
      - app.component.spec.ts
      - app.component.ts
      - app.module.ts

app.module.tsファイルは、Angularアプリケーションから利用するコンポーネントやライブラリなどを定義するもので、全体が**図5-4-3**のように構成されています。

図5-4-3　app.module.tsの構造

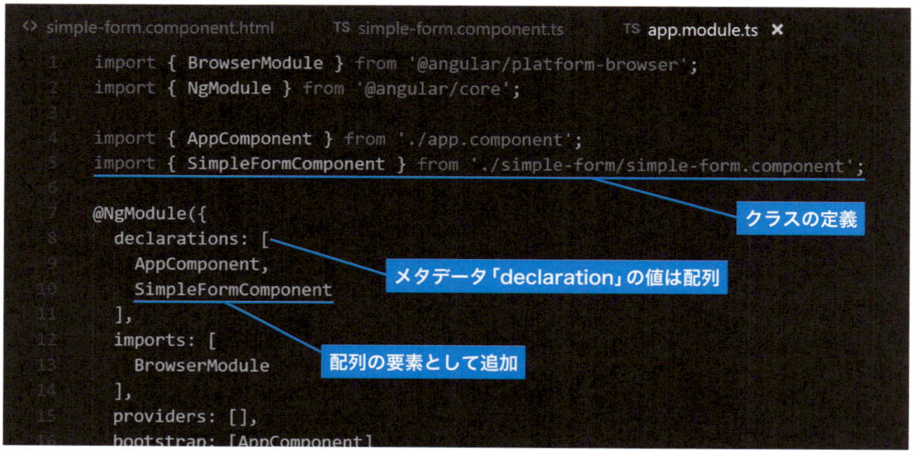

```
simple-form.component.html    TS simple-form.component.ts    TS app.module.ts ×
import { BrowserModule } from '@angular/platform-browser';
import { NgModule } from '@angular/core';

import { AppComponent } from './app.component';
import { SimpleFormComponent } from './simple-form/simple-form.component';

@NgModule({
  declarations: [
    AppComponent,
    SimpleFormComponent
  ],
  imports: [
    BrowserModule
  ],
  providers: [],
  bootstrap: [AppComponent]
```

クラスの定義
メタデータ「declaration」の値は配列
配列の要素として追加

Chapter4では、ngコマンドを使ってコンポーネントを追加したので、その際追加されたSimpleFormComponentを読み込むための文が5行目から設定されています。

```
import { SimpleFormComponent } from './simple-form/simple-↵
form.component';

@NgModule({
  declarations: [
    AppComponent,
    SimpleFormComponent
  ],
…略…
```

これと同様にして、FormModuleを読み込むための文を追加します。それには、**リスト5-4-1**のように修正します。太字の部分が追加した箇所です。インポートするには、ファイルの頭のほうでimportを記述します。そしてimportsの部分で、読み込んだモジュールを指定します。実際にVisual Studio Codeで編集する場合は、**図5-4-4**の青線の部分を修正することになります。

リスト 5-4-1　FormModuleを読み込む処理を追加する（app.module.ts）

```
1  import { BrowserModule } from '@angular/platform-browser';
2  import { NgModule } from '@angular/core';
3  import { FormsModule } from '@angular/forms';
4
```

```
5  import { AppComponent } from './app.component';
6  import { SimpleFormComponent } from './simple-form/simple-form.
   component';
7
8
9  @NgModule({
10   declarations: [
11     AppComponent,
12     SimpleFormComponent
13   ],
14   imports: [
15     BrowserModule,
16     FormsModule
17   ],
18   providers: [],
19   bootstrap: [AppComponent]
20 })
21 export class AppModule { }
```

図5-4-4　リスト5-4-1を入力しているところ

```
simple-form.component.html   TS simple-form.component.ts   TS app.module.ts ●
import { BrowserModule } from '@angular/platform-browser';
import { NgModule } from '@angular/core';
import { FormsModule } from '@angular/forms';

import { AppComponent } from './app.component';
import { SimpleFormComponent } from './simple-form/simple-form.component';


@NgModule({
  declarations: [
    AppComponent,
    SimpleFormComponent
  ],
  imports: [
    BrowserModule,
    FormsModule
  ],
```

リスト5-4-1の3行目の「from」の後は、Angularのライブラリフォルダ上の場所です。Visual Studio Codeでは、場所を補完候補として出してくれるのでミスなく入力できます（**図5-4-5**）。

図5-4-5 「from」の後ろは補完されたものから選べる

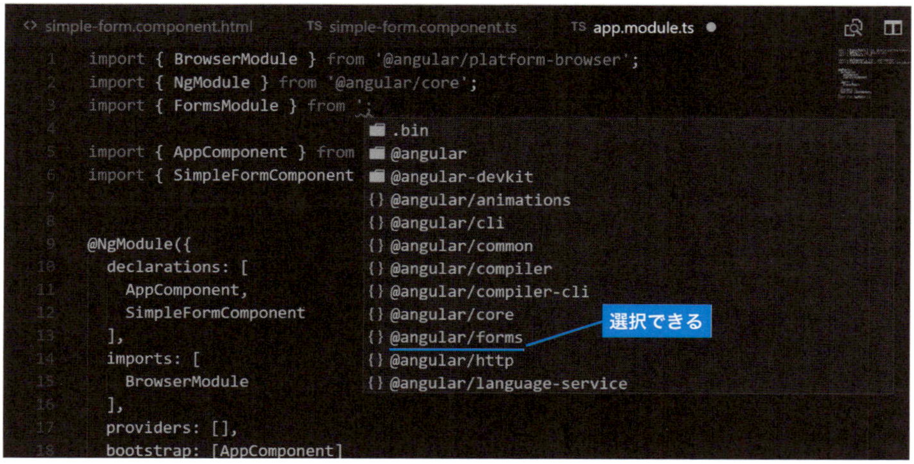

プロパティを用意する

コンポーネントを編集して、テキストボックスと関連付けるプロパティ（変数）を用意します。Visual Studio Codeで「simpleform.components.ts」ファイルを開き、text1とtext2という変数を追加するための2行を以下のように追加します。具体的には、**リスト5-4-2**のように太字で記述したところになります。

```
text1:string;
text2:string;
```

リスト 5-4-2　simpleform.components.tsにプロパティ（変数）を追加する 

```
import { Component, OnInit } from '@angular/core';

@Component({
  selector: 'app-simple-form',
  templateUrl: './simple-form.component.html',
  styleUrls: ['./simple-form.component.css']
})
export class SimpleFormComponent implements OnInit {
  result:string=" 足し算しましょう ";
  text1:string;
  text2:string;

  addAndShow():void {
    this.result=" これはテスト ";
  }
```

```
  constructor() { }

  ngOnInit() {
  }

}
```

テキストボックスとプロパティを関連付ける

次にテンプレートを編集し、2つのinput要素と、いま作成した2つのプロパティ（変数）とを、それぞれ結びつけます。Visual Studio Codeで「simple-form.component.html」ファイルを開き、**リスト5-4-3**のように修正します。修正したのは太字の箇所です。いままでは「<input>」としていたものを、「<input [(ngModel)]="プロパティ名">」と表記することで、互いに結びつきます。

```
<input
```

↓

```
<input [(ngModel)]=" プロパティ名 ">
```

リスト 5-4-3 テンプレートとプロパティとを結びつける（simple-form.component.html）

```
<input [(ngModel)]="text1">
+
<input [(ngModel)]="text2">
<button (click)="addAndShow()">CALC</button>
<div>{{result}}</div>
```

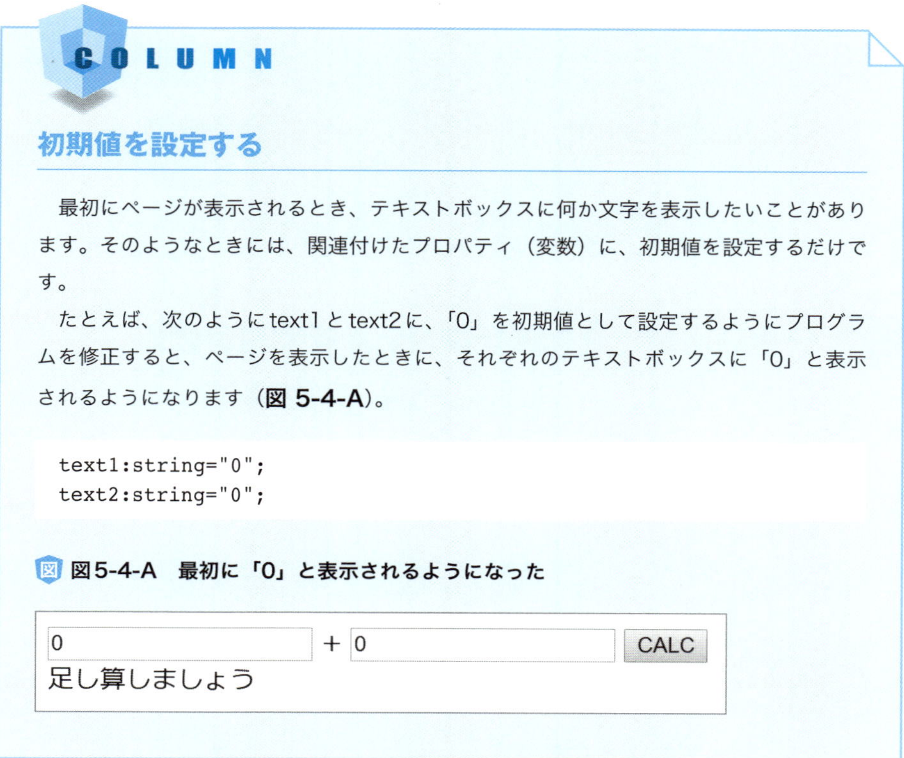

COLUMN

初期値を設定する

最初にページが表示されるとき、テキストボックスに何か文字を表示したいことがあります。そのようなときには、関連付けたプロパティ（変数）に、初期値を設定するだけです。

たとえば、次のようにtext1とtext2に、「0」を初期値として設定するようにプログラムを修正すると、ページを表示したときに、それぞれのテキストボックスに「0」と表示されるようになります（**図5-4-A**）。

```
text1:string="0";
text2:string="0";
```

図5-4-A　最初に「0」と表示されるようになった

入力された値をそのまま表示するだけの機能を仮に作ってみる

最終的には、足し算の機能を作っていくことになりますが、ここで本当にテキストボックスに入力された値が、text1プロパティやtext2プロパティに設定されるのかを確認してみましょう。

ここでは簡単に、[CALC] ボタンがクリックされたときに、「1つめのテキストボックスに入力された文字を、そのまま表示する」という処理を作ることにします。[CALC] ボタンがクリックされたときには、addAndShowメソッドを実行するように、すでに作っています。そこで、addAndShowメソッドにその処理を記述します。

具体的には、simple-form.compoents.tsファイルを開き、addAndShowメソッドを**リスト5-4-3**のように修正します。修正したのは太字の箇所です。

リスト 5-4-3　1つめのテキストボックスに入力された値を、そのまま表示する 

```
…略…
  addAndShow():void {
    this.result=this.text1
  }
…略…
```

ファイルを保存するとブラウザが再読込されます。ここで左側のテキストボックスに文字を入力して［CALC］ボタンをクリックします。すると、入力した文字が表示されることがわかります。たとえば「567」と入力して［CALC］ボタンをクリックしたときは、**図5-4-6**のようになります。この操作は何回でもできます。さらに「876」と入力して［CALC］ボタンをクリックすれば、画面には「876」と表示されます。これらの動作から、テキストボックスに入力された値は、関連付けたプロパティ（変数）を通じてアクセスできることがわかりました。

ここでは左側のテキストボックスしか扱っていませんが、addAndShowメソッドの処理を仮に次のようにすれば、右側のテキストボックスに入力した文字が表示されます。

```
this.result=this.text2;
```

図5-4-6 「567」と入力して［CALC］ボタンをクリックしたときの例

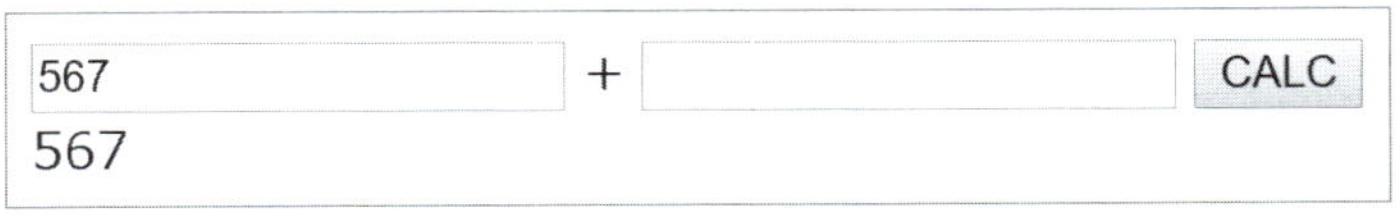

567	+		CALC
567			

Section 5-5

足し算機能を作る

最後に足し算機能を作ります。テキストボックスには「text1」「text2」という名前を付けたので、それぞれに対応する「this.text1」と「this.text2」を足し算する処理を作ります。

数値に変換した値を格納する変数を用意する

テキストボックスに入力される値は文字列です。足し算するには、その値を数値に変換しなければなりません。そこで数値に変換した値を格納するための変数を用意します。

この変数は計算するときだけで――addAndShowメソッドのなかでだけで――利用する変数です。このような変数は、**ローカル変数**と呼ばれ、変数名の前に「let」を付けて、メソッドを定義する「{」と「}」の間に記述して定義します。ローカル変数は、その変数を記述したメソッドでだけ有効で、ほかのメソッドからは利用できません。

変数名は、どのようなものでもよいのですが、ここではint1、int2という名前で定義します。TypeScriptにおいて、数値を示す型はnumberです（**リスト5-5-1**）。

リスト 5-5-1 addAndShowメソッドにローカル変数int1、int2を定義する例 (simple-form.component.ts)

```
addAndShow():void {
    let int1:number;
    let int2:number;
    this.result=this.text1
}
```

また同様に、足し算の結果を文字列として保存するローカル変数も定義しておきます。変数名はどのようなものでもかまいませんが、ここではforResultという変数名とします。forResult変数の初期値は、「正しい値を入力してください」とし、addAndShowメソッドの処理の終了直前に、this.resultに値を設定するものとします。なおローカル変数を参照するときは、頭に「this.」を付けません（**リスト5-5-2**）。

this.resultはテンプレートで「{{result}}」として関連付けられています。すなわち、画面には、「正しい値を入力してください」と表示されます（**図5-5-1**）。

のちの処理で、このforResult変数に、「足し算の結果」を設定することで、「正しい値を入力してください」ではなくて「計算結果」を表示できるようにしようというのが、以降の課題です。

リスト 5-5-2 計算結果を保存する変数も用意する（simple-form.component.ts）

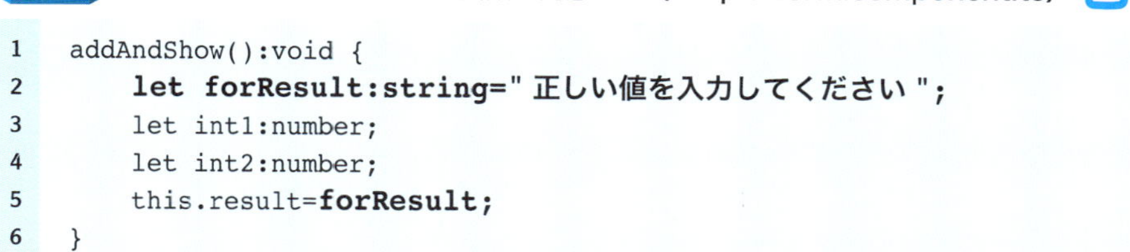

```
addAndShow():void {
    let forResult:string="正しい値を入力してください";
    let int1:number;
    let int2:number;
    this.result=forResult;
}
```

図 5-5-1 リスト5-5-2の段階で［CALC］ボタンをクリックして実行してみたところ

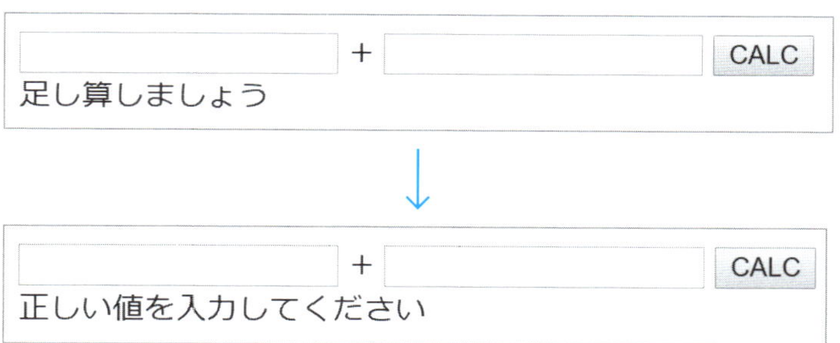

文字列を数値に変換する

テキストボックスに入力された値は文字列なので、足し算を計算するため、数値に変換します。

JavaScriptでは文字列を数値に変換するのにNumber関数を利用します。TypeScriptでもJavaScriptと同様の関数が利用できるので、Number関数を使って変更することにします。たとえば、テキストボックスのtext1に入力された値を数値に変換したうえで、int1という変数に格納するためには、次のようにします。

```
int1=Number(this.text1);
```

同様に、text2に入力された値を数値に変換してint2という変数に格納するには、次のように記述します。

```
int2=Number(this.text2);
```

数値に変換できたかどうかを判断する

もしかすると、テキストボックスに「あ」など、数値に変換できない文字が入力されるかも知れません。その場合、int1やint2には「NaN（Not a Number、数値にあらず）」という特別な値が設定されます。

値がNaNであるかどうかは、Number.isNaNというメソッドを使うと判断できます。NaNであるときはそもそも数字ではなく、足し算しても仕方がないため、足し算はint1もint2も正しく数値に変換できたとき（数字が入力されたとき）だけとします。そのためには、if文を使って条件判断し、次のように記述します。

```
if (!Number.isNaN(int1) && !Number.isNaN(int2)){
    int1、int2 ともに数値であるので、足し算の結果を計算する
}
```

「!」は条件の否定（「○○ではない」）、「&&」は条件の結合（かつ）を示します。上記では「int1がNaNではない」かつ「int2がNaNではない」とき、という意味です。NaNではないということは正常な数値であるということですから、すなわち「int1が数値である」かつ「int2が数値である」という条件になります。

数値などを文字列に変換

これから足し算の処理を作っていきますが、足し算の結果は数値です。ユーザーに表示するには、今度は逆に、数値である足し算の結果を、文字列に変換しなければなりません。

これにはいくつかの方法があますが、ここではTypeScript独自の「文字列中に変数を埋め込む」という機能を使って作ります。

TypeScriptにおいて文字列中に変数を埋め込むには、全体を引用符ではなく、「**バッククォート**（引用符の逆向き記号の意）」で囲んで表記します。バッククォート記号は、日本語キーボードでは［P］の右隣りにある［@］と、［Shift］キーを一緒に押すと入力できます。

たとえば、forResult変数に対する代入を、次のように記述するとします。仮にint1変数が「1」、int2変数が「2」であるとすると、**図5-5-2**のように「int1変数の値」「int2変数の値」「int1とint2を足した結果」が、それぞれ埋め込まれ、forResult変数には「1+2=3」という文字列が設定されます。

```
forResult = `${int1}+${int2}=${int1+int2}`;
```

図 5-5-2　バッククォートで記すと、「${値}」が、そこに埋め込まれる

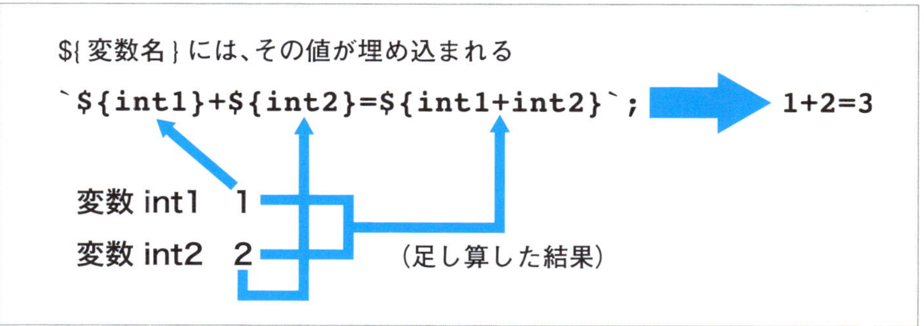

足し算のプログラムをaddToShowメソッドに実装する

以上の説明を踏まえて、addToShowメソッドに、2つのテキストボックスに入力された値を足し算するプログラムは、**リスト5-5-3**のようになります。

リスト 5-5-3　足し算するためのaddAndShowメソッド（simple-form.component.tsの抜粋）

```
…略…
addAndShow():void {
    let forResult:string=" 正しい値を入力してください ";
    let int1:number;
    let int2:number;

    int1 = Number(this.text1);
    int2 = Number(this.text2);

    if(!Number.isNaN(int1) && !Number.isNaN(int2)){
        forResult = `${int1}+${int2}=${int1+int2}`;
    }
    this.result = forResult;
}
…略…
```

保存すると、ブラウザが再読込されます。まずは、テキストボックスに数字を入力して［CALC］ボタンをクリックしてみましょう。**図5-5-3**のように、整数として数字を入力すれば整数値が表示され、**図5-5-4**のように小数値を入力すれば、小数値として表示されます。そして、数値ではない値を入力したときには、「正しい値を入力してください」と表示されます（**図5-5-5**）。

図5-5-3　整数値を入力したところ

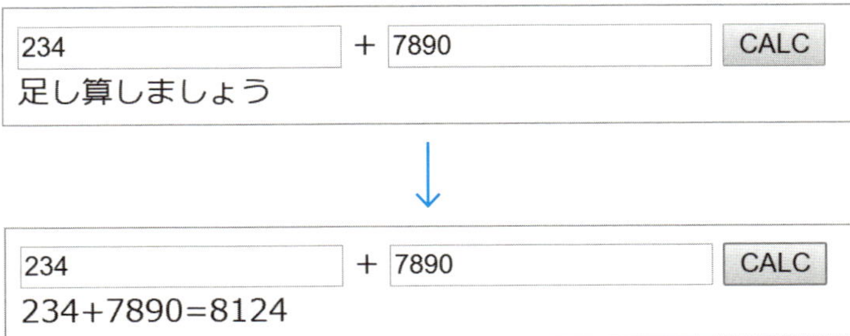

図5-5-4　小数値を入力したところ

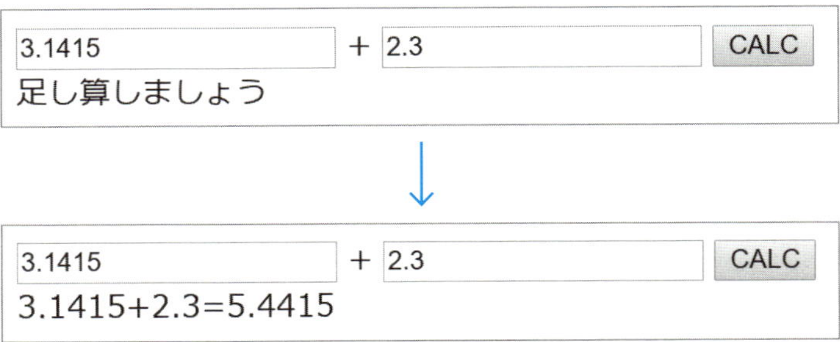

図5-5-5　数値ではない値を入力したとき

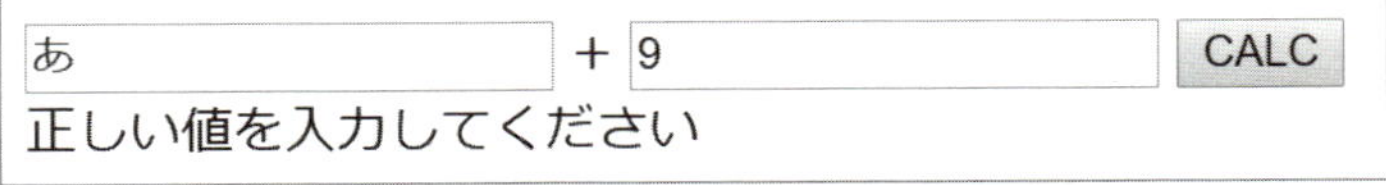

Chapter 5のまとめ

この章では、入力フォームを使って、ボタンがクリックされたときの処理の書き方、そして、テキストボックスに入力された値を取得して計算する方法を説明しました。

この章で説明したことは、次の通りです。

❶ ボタンがクリックされたときの処理

ボタンがクリックされたときに何か処理を実行したいときは、コンポーネントにメソッドとして実装します。そして、テンプレートファイルにおいて、ボタンの表記を次のように「(click)="メソッド名()"」と記述すると、クリックしたときに、それが実行されるようになります。

```
<button (click)="メソッド名()">ボタンに表示する文字</button>
```

❷ テキストボックスに入力された値の読み取り

テキストボックスに入力された値を読み取るには、まず、app.module.tsファイルにFormsModuleの読み込みを追加しておきます。そして、コンポーネントに、そのテキストボックスの入力値を保存するためのプロパティ（変数）を用意しておき、テンプレートファイルに、次のように記述するとプロパティと関連付いて、連動するようになります。

```
<input [(ngModel)]="プロパティ名">
```

❸ 数値に変換する

文字列を数値に変換するには、Number関数を使います。数値に変換できなかったときは、NaNという値となります。NaNかどうか（変換に失敗したかどうか）は、Number.isNaNメソッドを使って調べられます。

❹ 文字列に値を埋め込む

全体をバッククォート（「`」）で囲んで、「${値}」と表記すると、そこに値を埋め込んだ文字列を作ることができます。

次の章では、フォームに入力される値を判別してエラーを表示したり、入力制限したりする仕組み、そして、入力された内容をグループ化して管理する機能など、入力フォームのさらなる機能を説明します。

入力エラーを検知するバリデータ

ユーザーは、いつも入力フォームに正しい値を入力してくれるとは限りません。空欄であったり、数字しか入れてはいけないところに文字を入力したりすることもあります。そのようなエラーチェックを簡単に実施する仕組みがバリデータです。

Section 6-1 バリデータの基礎

前章で作成した「足し算アプリ」では、値を入力して［CALC］ボタンをクリックしたときの処理で、入力された値が正しく数値に変換できたときに限って足し算するように処理しました。正しく変換できたかどうかは、isNaNメソッドで調べたのでした。

```
exp// それぞれを数値に変換する
int1 = Number(this.text1);
int2 = Number(this.text2);

// 両方とも数値に正しく変換できたときだけ、足し算する
if(!Number.isNaN(int1) && !Number.isNaN(int2)){
    forResult = `${int1}+${int2}=${int1+int2}`;
}
```

この処理では、当たり前ですが、ユーザーが［CALC］ボタンをクリックするまで値が正しいかどうかの判定はされません。しかし、未入力であるなど、明らかに適切でない状況には、ブラウザ画面上に入力した時点でチェックしておけば、あとの処理が簡単になります。また字数を制限すれば、悪意あるコードを含むデータを受け取らずに済むでしょう。

このように、取り扱う値が処理に適しているかどうかを調べることを「バリデーション（validation、妥当性検査）」と言い、その仕組みを提供する機能を「**バリデータ(validator)**」と呼びます。

このSectionでは、まず、Angularがもつバリデータを使って、テキストボックスが未入力のときは「赤色の下線」、入力されたら「緑色の下線」が表示されるように修正してみます（**図6-1-1**）。よくWebの申し込みフォームなどで、未入力の場所があるときは、そこが赤色になったりアイコンで警告が表示されたりする、あれと同じ仕組みを作ろうというわけです。

そして次に、未入力のときは、「左側のフィールドが空白です」というメッセージを表示するようにしたり、未入力のときには［CALC］ボタンがクリックできないようにする仕組みを作ったりしていきます。

図 6-1-1　未入力のときは赤色の下線、入力済みのときは緑色の下線で表示する

状態によって変わるCSS

入力状態などによって色などの表示を変えたいときは、Angularが出力するCSSを理解する必要があります。CSSとは、HTMLを修飾するための仕組みで、表示位置や文字の大きさ、色、フォントなどを設定したり、罫線を引いたりできます。

入力フォームに適用されるクラス

Angularはテキストボックスなどの入力コントロールに対して、現在の状態に応じて、特別なCSSクラスを適用します（**表6-1-1**）。

表 6-1-1　適用されるCSSクラス

クラス名	意　味
ng-touched	クリック（タッチ）されていて、編集中の項目であることを示す
ng-untouched	クリック（タッチ）されていない状態を示す
ng-valid	値が有効である
ng-invalid	値が無効である
ng-pending	バリデータの検証作業待ち
ng-pristine	pristineとは「きれいな」という意味。入力内容が保存されていて、今ページを閉じても問題ないことを示す
ng-dirty	cirty。dirtyとは「汚い」という意味。ユーザーがデータを編集したなどしていて、今ページを閉じると、その変更が失われる状態を示す

これらは、次の組み合わせです。

❶ ng-touchedとng-untouched

ユーザーが入力コントロールをクリックして編集しようとすると、ng-touchedが設定されます。そして他の場所をクリックするなどして編集対象から外すと、ng-untouched

が設定されます。

❷ ng-validとng-invalid、ng-pending

入力コントロールに設定したバリデーションで値が正しいと判定されている場合は「ng-valid」が設定されます。正しくないと判定されている場合は「ng-invalid」が設定されます。バリデーションが実行待ちの場合は「ng-pending」が設定されます。

❸ ng-pristineとng-dirty

入力コントロールの値が変更されていなければng-pristineが設定されます。ユーザーが編集したあと未保存である場合にはng-dirtyが設定されます。

適用されたCSSクラスを確認する

では、このCSSクラスは、どのように設定されているのでしょうか？　ブラウザ画面上では見えませんが、Webブラウザ付属の「開発者ツール」で見ることができます。Windows10の標準ブラウザである「Microsoft Edge」や「Google Chrome」「Firefox」など多くのWebブラウザには「開発者ツール」という機能があり、今実際にブラウザで表示しているソースコードを見ることができます。

実際に確認してみましょう。前章で作成した「足し算アプリ」をブラウザで開いてみてください。そしてブラウザの開発者ツールを起動します。たとえば「Microsoft Edge」の場合、F12キーを押すと、今見えているウィンドウの下側に、ブラウザで表示されているHTMLやエラーメッセージ、デバッグなどのできるウィンドウが現れます。これが開発者ツールです。

「Microsoft Edge」では、開発者ツールの［要素］タブでHTMLが見られます。要素ごとに折りたたまれていますから開いていき、2つの「inputタグ」を探してください。

たとえば、ひとつのinputタグは、**図6-1-2**のように構成されており、私たちが書いた覚えのない属性がたくさん書き込まれていることがわかります。これらは、Angularによって追加された属性です。とりわけここでは、「class」属性に注目してください。

```
<input class="ng-untouched ng-pristine ng-valid"↵
_ngcontent-c1="" >
```

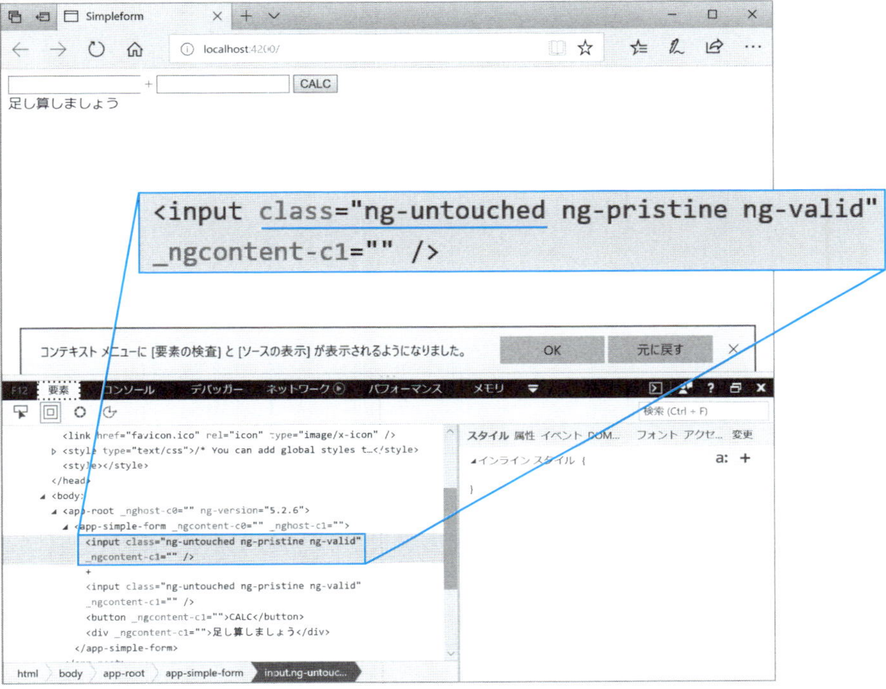

図6-1-2 開発者ツールで、ひとつめのinputタグの周辺を確認したところ

class属性には、「ng-untouched」「ng-pristine」「ng-valid」の3つが設定されています。

❶ ng-untouched

このテキストボックスをクリックしておらず、編集中ではないので、ng-untouchedが設定されます。

❷ ng-pristine

このテキストボックスは何も変更していないので、ng-pristineが設定されます。

❸ ng-valid

このテキストボックスには、まだバリデーションを設定していないので、バリデーションの結果は「成功」とみなされ、ng-validが設定されます。

クリックしたときの状態変化を確認する

ここで、ひとつめのテキストボックスをマウスでクリックしてください。すると、編集中の状態になり、次のようにng-untouchedからng-touchedに変わります（**図6-1-3**）。

> **MEMO**
>
> HTMLのCSS仕様において、classで指定される値は順不同です。どのような順序で設定されるのかは、Angularの処理の都合によります。

```
<input class="ng-pristine ng-valid ng-touched"  .... >
```

図 6-1-3　クリックするとng-touchedに変わる

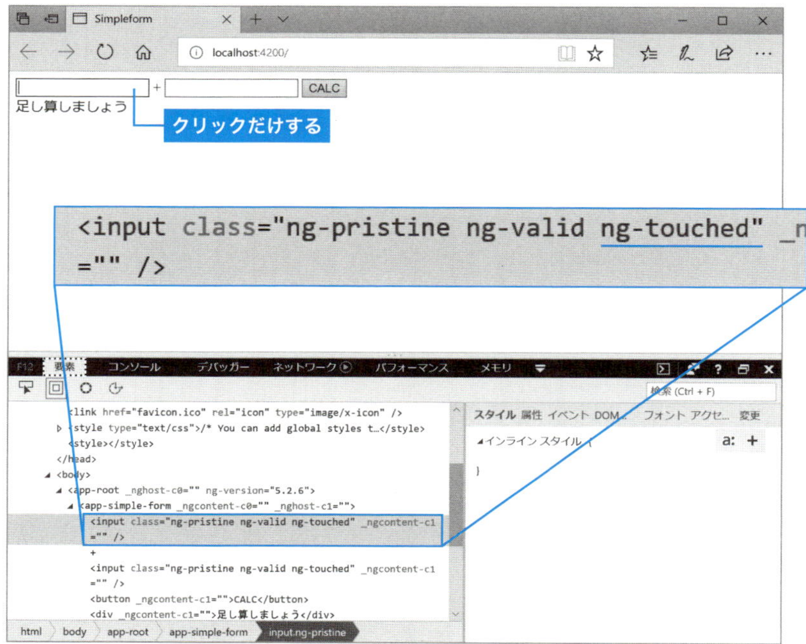

文字入力したときの状態変化を確認する

次に、ひとつめのテキストボックスに数値を入力しましょう。ng-pristineからng-dirtyに変わります。新しいデータが入力され、それがまだ送信されていないからです（**図6-1-4**）。

```
<input class="ng-valid ng-touched ng-dirty"  .... >
```

図 6-1-4　データ入力するとng-dirtyに変わる

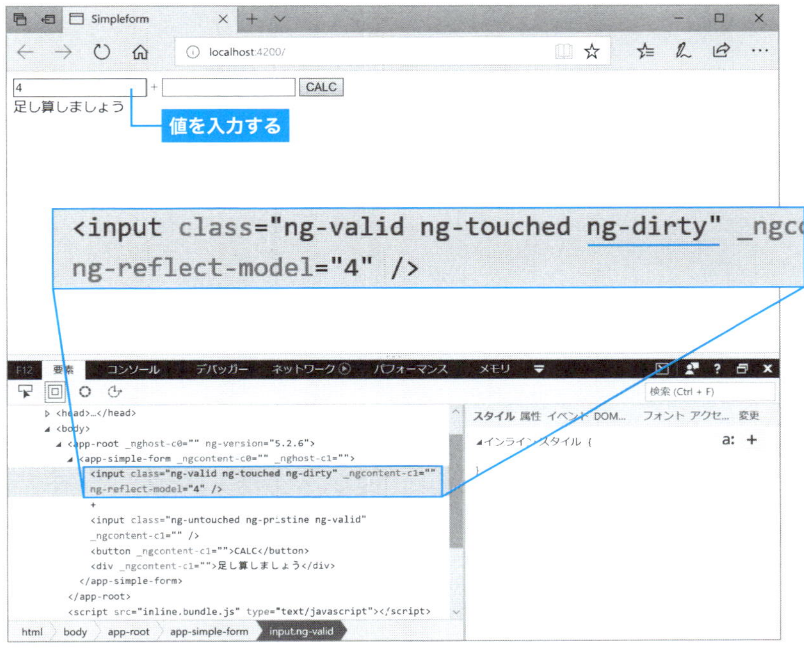

バリデーションを設定する

このように、入力のコントロールは、「クリックされているかどうか」「値が変更されたかどうか」によって、出力されるクラスが変わることがわかりました。

そして、バリデータを設定すれば、さらに「バリデータとして指定した条件を満たしているかどうか」によっても、クラスが変わります。実際に試してみましょう。

空欄を許さないバリデータを設定する

Angularでは、テンプレート上のテキストボックスなどの入力コントロールにおいて、バリデータを設定すると、いくつかの制約が有効になります。

Angularでは標準で利用できるバリデータがいくつか用意されており、それらをビルドインバリデータと呼びます（**表6-1-2**）。ここでは空欄であることを許さない「required」というバリデータを使うことにします。このバリデータを追加するため、simple-form.component.htmlファイルを**リスト6-1-1**のように修正してください。太字が修正した箇所です。

バリデータを追加するには、以下の書式のように、タグのなかにバリデータ名と設定値を記述します。requiredの場合、設定値はないので「required」とだけ記述します。minLengthやmaxLengthなどのように「何文字まで」という値を設定するようなバリデータでは、たとえば20文字以下であるという条件のバリデータを設定するには、「maxLength=="20"」というように「minLength="設定値"」のように表記します。

MEMO

1つの入力コントロールに対して、複数のバリデータを設定することもできます。その場合は、「required maxLength="20"」などのように空白で区切って列挙します。

書式 バリデータの追加

```
<input [(ngModel)]=" プロパティ名 " バリデータ名 =" 設定値 ">
```

表 6-1-2 ビルドインバリデータ

バリデータ	意　味
min	最小値
max	最大値
required	空欄でない必須
requiredTrue	チェックがついているなど選択されている
email	メールアドレスとして有効な書式
minLength	最小文字数
maxLength	最大文字数
pattern	指定した正規表現に合致する書式

リスト 6-1-1 required制約を加える（simple-form.component.html） 

```
<input [(ngModel)]="text1" required>
+
<input [(ngModel)]="text2" required>
<button (click)="addAndShow()">CALC</button>
<div>{{result}}</div>
```

未入力のときにCSSクラスが変わることを確認する

リスト6-1-1のように変更して保存したら、ふたたびブラウザに戻り、開発者ツールでinputタグの部分を見てみましょう。今度は、未入力のときにng-invalidになることがわかります。これはrequiredという制約を加えて未入力を許さないように構成したのに、未入力であるため、バリデータが条件を満たさないからです。

```
<input class="ng-untouched ng-pristine ng-invalid"  .... >
```

図 6-1-5　未入力なのでng-invalidが設定された

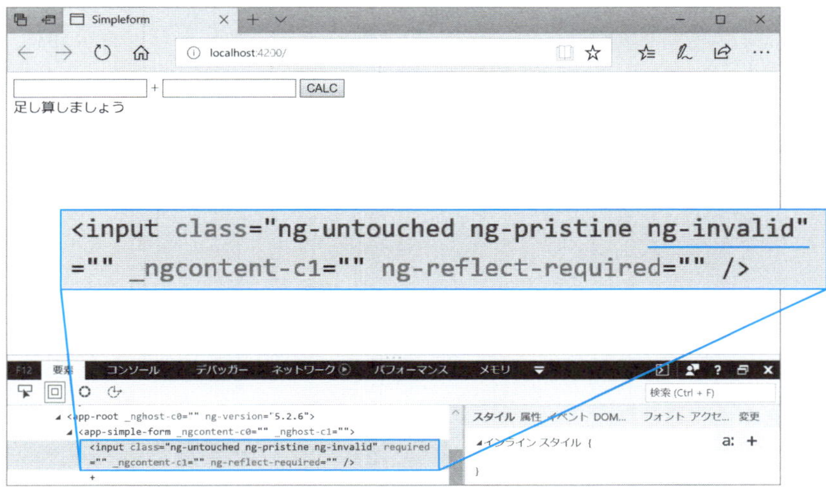

次にテキストボックスに何か値を入力してみましょう。すると、「ng-invalid」から「ng-valid」に変わります。これは値を入力したので、requiredの制約である「未入力は許さない」というバリデーションを満たしたからです（**図6-1-6**）。

```
<input class="ng-dirty ng-valid ng-touched"  .... >
```

図 6-1-6　値を入力するとng-validに変わる

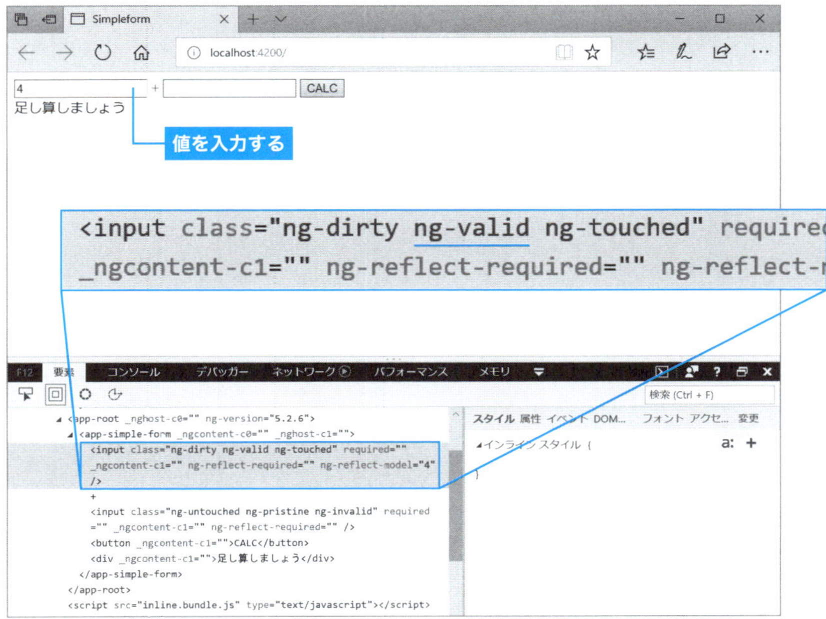

スタイルを設定して色付けする

このように、inputタグに対して「required」を付けると、未入力のときには「ng-invalid」、そうでないときには「ng-valid」がCSSクラスとして適用されることがわかりました。

このSectionで実現したいことは、未入力のときには「赤下線」、そうでないときは「緑下線」を表示するということです。このような処理は、「ng-invalidのときには赤下線」「ng-validのときには緑下線」を表示するように構成することで実現できます。

その設定をするには、simpleform.component.cssというファイルを開いて、CSSクラスにどのように表示するのかを結びつけます。デフォルトではsimpleform.component.cssファイルは空なので、**リスト6-1-2**のように記述してください。

リスト6-1-2は、HTML仕様のCSSの書式なので、詳しくはCSSの参考書を参照していただきたいのですが、簡単に説明すると、CSSにはいくつかの指定方法があり、次の書式で指定しています。クラス名の前には「.」が必要なので注意してください。

書式 CSSクラス

```
.クラス名 {
  設定するスタイル（書式）
  …
}
```

指定している「border-bottom」は、下線を設定する項目です。「2px」は太さ、「solid」は実線を意味します。その後ろで指定している「green」や「red」は色です。

Visual Studio Codeで編集すると、**図6-1-7**のように色「green」「red」を指定した箇所には、参考として色が小さなアイコンで示されます。

リスト 6-1-2 simpleform.component.cssファイル 

```
.ng-valid  {
    border-bottom: 2px solid green;
}

.ng-invalid  {
    border-bottom: 2px solid red;
}
```

図6-1-7　Visual Studio Codeでリスト6-1-2を編集しているところ

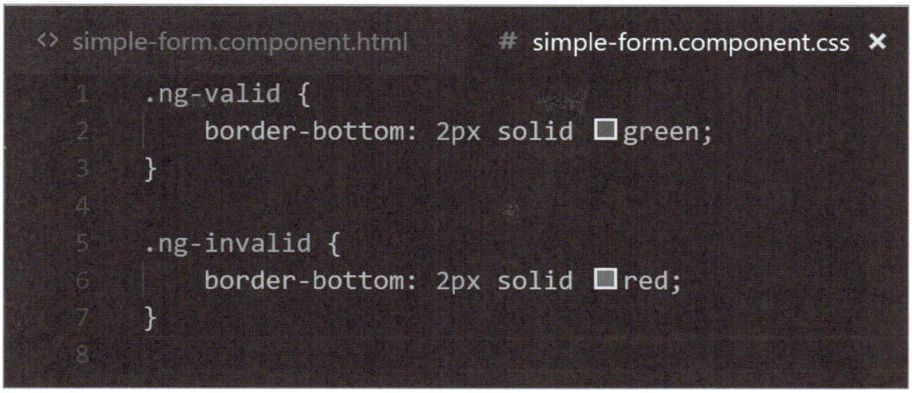

```
<> simple-form.component.html        # simple-form.component.css ×
.ng-valid {
    border-bottom: 2px solid □green;
}

.ng-invalid {
    border-bottom: 2px solid □red;
}
```

以上で設定は完了です。これで未入力のところは赤色の下線が、そうでないときは緑色の下線が表示されるはずです（**図6-1-8**）。

図6-1-8　未入力のところには赤下線、そうでないときは緑下線が表示されるようになった

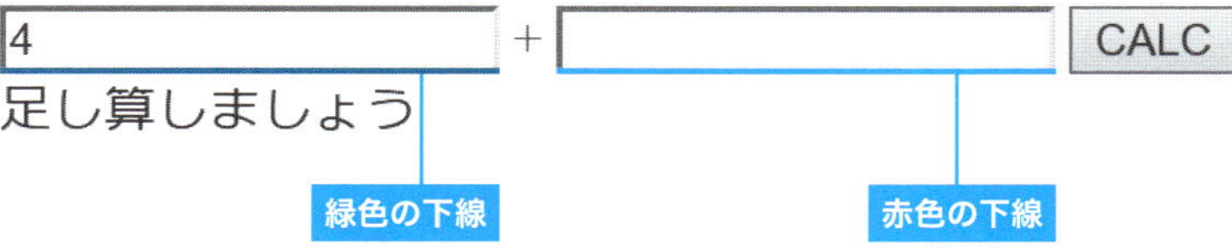

Section 6-2

エラーメッセージを表示する

次に、色を変えるのではなくて、未入力のときは「左側のフィールドが空白です」や「右側のフィールドが空白です」というように、メッセージを表示できるようにしてみましょう。

条件によって表示・非表示を切り替える

Angularには、条件によって表示・非表示を切り替える仕組みがあります。そのために「*ngIf」という属性を指定します。たとえば仮に、メッセージを次のように記述するとします。

書式 *ngIf属性の指定

```
<span *ngIf=" 条件 "> 左側のフィールドが空白です </span>
```

このように記述すると、指定した「条件」を満たすときだけ、このメッセージが表示され、そうでないときはメッセージが表示されないようになります。

バリデートの値に名前を付ける

Angularでは、テキストボックスなどの入力フィールドに名前を付けることができます。名前を付けると、そのときの状態（変更されたか、バリデートに成功したかなど）を、その名前を通じて参照できるようになります。

たとえば、ひとつめのテキストボックスに対して、次のように「fieldOne」という名前を付けたとします。

> **MEMO**
>
> 属性は順不同です。「<input #fieldOne="ngModel"　[(ngModel)]="text1" required >」のように、前に書いても同じです。

```
<input [(ngModel)]="text1" required #fieldOne="ngModel">
```

すると、このテキストボックスのバリデーションが成功しているとき――requiredを指定しているので未入力ではないとき――には、「fieldOne.valid」という値が成り立つようになります。そして、そうでないときは「fieldOne.invalid」という値が成り立つようになります。touchedやuntouched、pristinceやdirtyなど、**表6-2-1**に記した状態についても同じです。

表 6-2-1　状態によって設定される値

値	成り立つ条件
.touched	クリック（タッチ）されていて編集中
.untouched	クリック（タッチ）されていない
.valid	バリデータが成功したとき
.invalid	バリデータが失敗しているとき
.pending	バリデータの検証作業待ち
.pristine	入力内容が保存されている（変更されていない）
.dirty	入力内容が変更されて保存されていない

ここで先ほどの「未入力のときに『左側のフィールドが空白です』と表示したい」といった処理に立ち戻ると、未入力であるときはfieldOne.invalidが成り立つので、次のように記述すれば実現できます。

```
<span *ngIf="fieldOne.invalid">左側のフィールドが空白です</span>
```

実際にやってみましょう。simple-form.component.htmlを次のように修正します。ここまで説明した例では、左側のテキストボックスだけでしたが、右側のテキストボックスも同様に設定しました。

ブラウザで確認すると、最初は両方とも未入力なので、「左側のフィールドが空白です」と「右側のフィールドが空白です」の両方が表示されるはずです。文字入力すれば、このメッセージは消えます（**図6-2-1**）。

リスト 6-2-1　空欄のときにエラーメッセージを表示する（simple-form.component.html）

```
<input [(ngModel)]="text1" required #fieldOne="ngModel">
+
<input [(ngModel)]="text2" required #fieldTwo="ngModel">
<button (click)="addAndShow()">CALC</button>
<div>{{result}}</div>
<div>
    <span *ngIf="fieldOne.invalid">左側のフィールドが空白です</span>
    <br>
    <span *ngIf="fieldTwo.invalid">右側のフィールドが空白です</span>
</div>
```

図 6-2-1　リスト 6-2-1 の実行結果

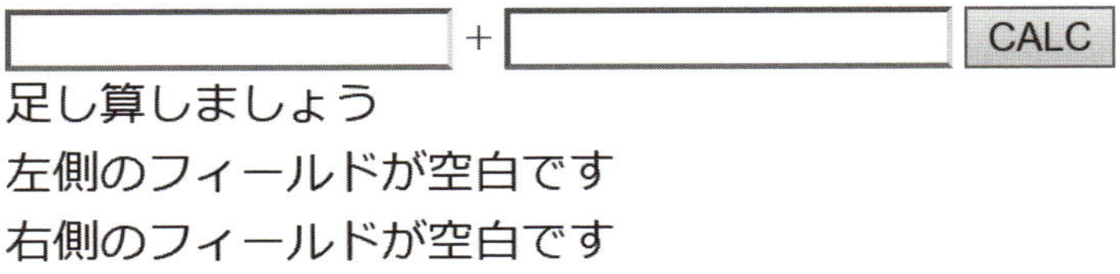

[　　　　] + [　　　　] CALC
足し算しましょう
左側のフィールドが空白です
右側のフィールドが空白です

COLUMN

エラーを赤文字で表示する

エラーメッセージを赤文字で表示したいときは、エラーメッセージにクラスを指定します。たとえば、次のようにmy-invalidというクラスを指定します。

```
<span *ngIf="fieldOne.invalid" class="my-invalid">
左側のフィールドが空白です </span>
<br>
<span *ngIf="fieldTwo.invalid" class="my-invalid">
右側のフィールドが空白です </span>
```

そしてsimple-form.component.cssファイルに次の設定を加えます。すると、赤色で表示されるようになります。

```
.my-invalid {
   color:red;
}
```

Section 6-3 未入力のときはボタンがクリックできないようにする

次に、2つのテキストボックスに値を入力しなければ、[CALC] ボタンが有効にならないようにしてみましょう。

条件が成り立たないときに無効にする

先ほどは、「*ngIf」という属性を使って表示・非表示を切り替えましたが、それと同様に、条件が成り立つかどうかで入力フィールドの有効・無効を切り替える表記があります。それは、「**[disabled]="条件式"**」です。次のように記述すると、条件が満たされたときは、ボタンがクリックできないようになります

```
<button [disabled]=" 条件式 "> ラベル </button>
```

これまで作ってきたテンプレートでは、左側のテキストボックスが未入力であるときはfieldOne.invalid、右側のテキストボックスが未入力であるときはfieldTwo.invalidが成り立つので、どちらかが未入力であるときにボタンを無効（クリックできない）にするには、「fieldOne.invalid」または「fieldTwo.invalid」という条件を指定すればよいです。「または」という条件式は、TypeScript（JavaScript）において「||」という論理和演算子記号で記述できます。そこでsimple-form.component.htmlファイルのボタンの表記を次のように変更すると、2つのテキストボックスのうち、いずれかが未入力のときはクリックできないようになります。

ここでは実行例は示しませんが、実際にやってみると、そのような挙動になることがわかります。

```
<button (click)="addAndShow()">CALC</button>
```

```
<button (click)="addAndShow()" [disabled]=" fieldOne.invalid|| ↵
fieldTwo.invalid ">CALC</button>
```

まとめてひとつのフォームとして管理する

このように、テキストボックスをひとつずつ条件として指定してもよいのですが、多くの場合、ボタンというのは、画面に表示されているすべての入力フィールドのバリデータ条件が満たされたときにクリックできるというのが一般的です。そこでAngularでは、ひとつひとつの条件を指定するのではなくて、まとめてバリデータの状態を知ることもできるようになっています。そのためには、全体を「**フォーム**」でとりまとめます。フォームは、Angularにおいて、**NgForm**というオブジェクトで表現されます。その書式は、次の通りです。

書式 フォーム

```
<form #フォーム名="ngForm">
…フォームの内容…
</form>
```

ただしフォームを構成する場合、そのなかにある入力フィールドには、name属性を付けなければならないという決まりがあります。もしname属性がないと、その入力フィールドは無視され、正しく動作しません。つまり、

```
<input [(ngModel)]="text1" required #fieldOne="ngModel">
```

```
<input [(ngModel)]="text1" name="fieldOne" required #fieldOne="ngModel">
```

のように修正する必要があります。name属性の値は、どのようなものでもかまいませんが、「#名前」と同じものに設定しておくのが無難です。

フォームを構成すると、そのフォームに含まれる全部の入力コントロールのバリデータの状態が、フォーム自体のバリデータの状態として確認できます。つまり、フォームに含まれる入力コントロールのうち、ひとつでもバリデータの条件を満たさなければ、フォームバリデータは満たさないという状態になります（**図6-3-1**）。

実際にフォームを使ってバリデートし、未入力のときには［CALC］ボタンがクリックできないようにするように修正したものを**リスト6-3-1**に示します。

リスト6-3-1では、次のようにフォームにcalcFormという名前を付けました。

```
<form #calcForm="ngForm">
```

すると、フォーム全体のバリデータの状態は「calcForm.valid」や「calcForm.invalid」で示されるので、ボタンを次のようにして、フォーム全体の一部でもバリデータが失敗しているときは、クリックできないようにしました。

```
<button (click)="addAndShow()" [disabled]="calcForm.invalid">CALC</button>
```

このように構成しておけば、フォームにあとからテキストボックスなどの入力フィールドを増やしても、すべてのバリデータか成功しないと、ボタンがクリックできないようになります。

リスト 6-3-1　全体をフォームで括ったもの（simple-form.component.html） 

```
<form #calcForm="ngForm">
<input [(ngModel)]="text1" name="fieldOne" required #fieldOne="ngModel">
+
<input [(ngModel)]="text2" name="fieldTwo" required #fieldTwo="ngModel">
<button (click)="addAndShow()" [disabled]="calcForm.invalid">CALC</button>
<div>{{result}}</div>
<div>
        <span *ngIf="fieldOne.invalid">左側のフィールドが空白です</span>
        <br>
        <span *ngIf="fieldTwo.invalid">右側のフィールドが空白です</span>
</div>
</form>
```

図6-3-1　全体をフォームで囲んだ場合のバリデータ

calcForm.invalid

フォームに含まれる入力フィールドが、ひとつでもinvalidのときはinvalid。すべてがvalidのときだけvalid。

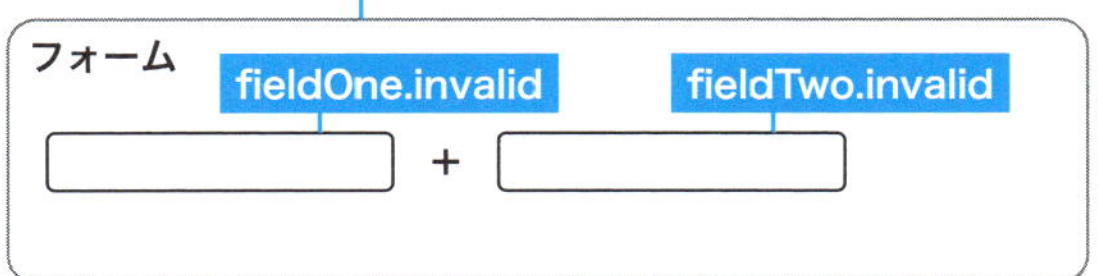

フォームに名前を付ける

nameを指定するのを忘れずに

nameを指定するのを忘れずに

```
<form #calcForm="ngForm">
<input [(ngModel)]="text1" name="fieldOne" required #fieldOne="ngModel">
+
<input [(ngModel)]="text2" name="fieldTwo" required #fieldTwo="ngModel">
<button (click)="addAndShow()" [disabled]="calcForm.invalid">CALC</button>
<div>{{result}}</div>
        <span *ngIf="fieldOne.invalid">左側のフィールドが空白です</span>
        <br>
        <span *ngIf="fieldTwo.invalid">右側のフィールドが空白です</span>
</div>
</form>
```

[disabled]を指定すると、条件が成り立たないときはクリックできなくなる

表示の崩れを修正する

さて、**リスト6-3-1**のように修正して実際に実行してみるとわかりますが、**図6-3-2**のように画面下にも下線が表示されています。これは、フォームに対してもng-invalidクラスが適用されているためです（**図6-3-3**）。開発者ツールで確認するとわかります（ちなみにこの赤い線は、2つのテキストボックスに文字入力すると緑色に変わります）。

図 6-3-2　下に赤い線が表示された

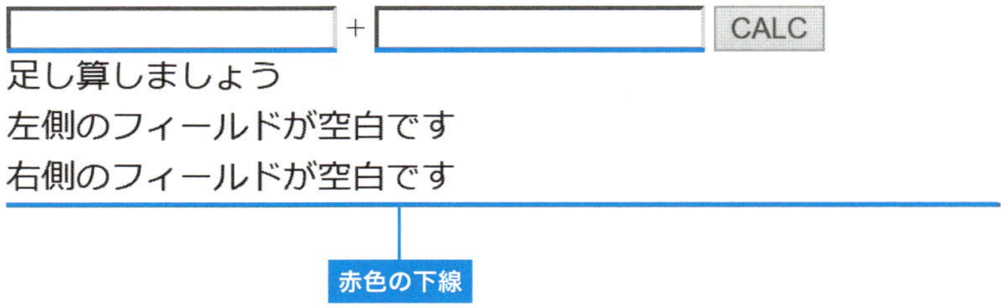

図 図6-3-3　ng-invalidが設定されている。そのため赤色になる

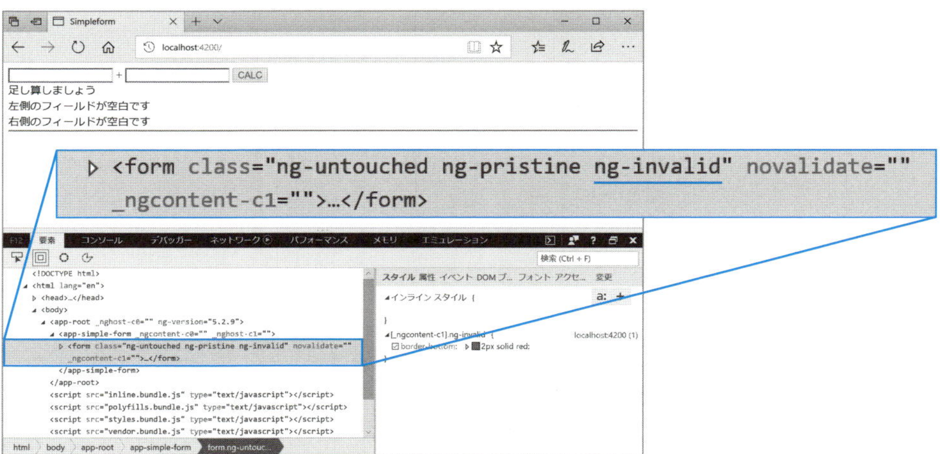

これはsimple-form.component.cssにて、次のように、.ng-validと.ng-invalidを適用している効果のためです。

```
.ng-valid  {
    border-bottom: 2px solid green;
}

.ng-invalid  {
    border-bottom: 2px solid red;
}
```

修正するにはいくつかの方法がありますが、たとえば、下記のように「:not(form)」と記述します。「:not」は除外するための設定です。このように修正することでform要素以外に適用されるので、フォームに対して、赤や緑の下線がつかなくなります。

```
.ng-valid:not(form) {
    .......
 }

.ng-invalid:not(form) {
    .......
 }
```

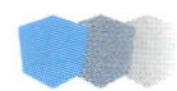

Chapter 6のまとめ

この章では、未入力のときに色を変えたり、エラーを表示したりする方法を説明しました。

❶ **状態に応じてCSSが適用される**

Angularは「クリックされた」「値が変更された」「バリデータの成功の可否」などの条件でCSSクラスが適用されます（**表6-1-1**）。CSSクラスに装飾を設定することで、状態に応じて色を付けたり、下線を表示したりできます。

❷ **バリデータを設定する**

requiredなどのビルドインバリデータがあり、それを利用することで、正しく値が入力されたかどうかを判定できます。

❸ **条件によって表示・非表示を変更する**

条件によって表示・非表示を変更するには、「*ngIf」という属性を使います。

❹ **条件によってクリックできないようにする**

条件によってクリックできないようにするには「[disabled]」という属性を使います。

この章で使ったバリデータは、テンプレートを編集することで実現するものでした。次章では、テンプレートとフォームとを、もっと連動させる方法を説明します。

リアクティブフォーム入門

これまではテンプレートに記載した入力コントロールに対応するFormControlオブジェクトなどが自動的に構成され、コンポーネントからはそこにアクセスする方式をとってきました。逆に、コンポーネントにあらかじめフォームオブジェクトなどを用意しておき、テンプレートから参照する方式があります。それがリアクティブフォームです。

Section 7-1 テンプレート駆動フォームとリアクティブフォーム

Angularでフォームを構成する方法には、「**テンプレート駆動フォーム**（template-driven form）」と「**リアクティブフォーム**（reactive form）」という2種類のフォームがあります。

これまで説明してきたのは、テンプレート駆動フォームです。テンプレート駆動フォームは、テンプレートとなるHTMLで、テキストボックスなどの入力コントロールに各種属性を付けると、それに対応するFormControlオブジェクトやFormGroupオブジェクトができます。バリデータを使う場合は、HTMLに付けた属性（たとえばrequiredなど）が、それらのオブジェクトに設定されます。コンポーネントから、こうしたオブジェクトにアクセスするのがテンプレート駆動フォームの仕組みです。

それに対して、リアクティブフォームでは、コンポーネントにあらかじめFormControlオブジェクトやFormGroupオブジェクト、バリデータのオブジェクトなどを作っておきます。そしてテンプレートの入力コントロールから、それらのオブジェクトを参照して利用します（**図7-1-1**）。

リアクティブフォームを使うと、コンポーネントの都合でFormControlオブジェクトやFormGroupオブジェクトを制御できるので、入力されたデータの複雑な制御や、柔軟なバリデータの設定ができるなどのメリットがあります。

図 7-1-1　テンプレート駆動フォームとリアクティブフォーム

〈テンプレート駆動型フォーム〉

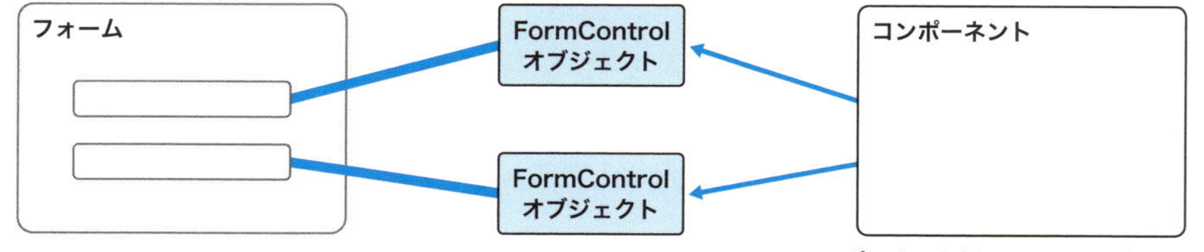

〈リアクティブフォーム〉

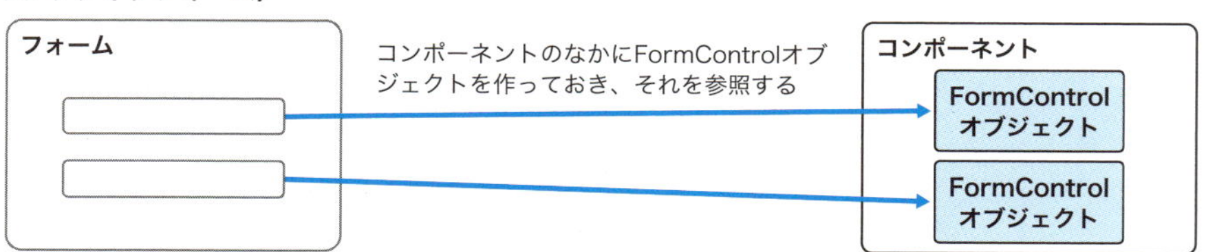

Section 7-2 リアクティブフォームを作る

ここでは、前章で作成した足し算アプリ（これはテンプレート駆動型フォームです）をリアクティブフォームとして作り直していきます。

ではさっそく、はじめましょう。まずはリアクティブフォームを使ったコンポーネントを作ります。これまで作成してきたSimpleFormComponentはそのままにしておいて、同じプロジェクトに、もうひとつコンポーネントを作ります。「BetterFormComponent」という名前にします。

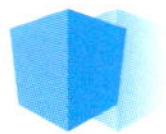

新しいコンポーネントを作成する

プロジェクトフォルダ「simpleform」に移動した状態で、コマンドプロンプトやWindows PowerShellなどから、次のコマンドを入力してください。「g」は「generate（生成）」、「c」は「component（コンポーネント）」の省略形です。

```
ng g c better-form
```

実行が完了すると、プロジェクトフォルダ「simpleform」のsrcフォルダのなかにフォルダ「better-form」が作成されます。このなかに生成したBetterFormコンポーネントに関連するファイルが作られます。

Visual Studio Codeで確認すると、**図7-2-1**のようになります。これまで作業していた「simple-form」フォルダと並ぶことになります。

図 7-2-1　better-formディレクトリ

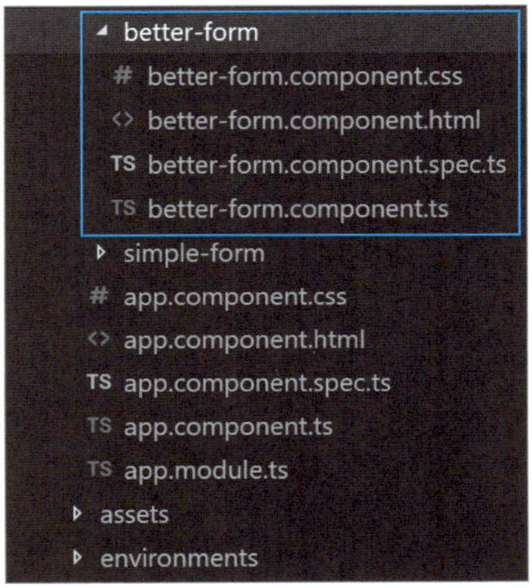

```
◢ better-form
    # better-form.component.css
    <> better-form.component.html
    TS better-form.component.spec.ts
    TS better-form.component.ts
▷ simple-form
  # app.component.css
  <> app.component.html
  TS app.component.spec.ts
  TS app.component.ts
  TS app.module.ts
▷ assets
▷ environments
```

以降の作業で編集していくファイルは、このディレクトリに含まれる次の3つのファイルです。

- **better-form.component.html　HTMLテンプレートファイル**
- **better-form.component.css　CSSファイル**
- **better-form.component.ts　TypeScriptファイル**

TypeScriptファイルのソースを確認するとわかりますが、定義されるクラス名は「BetterFormComponent」という名前になっています。そこで慣例的に、これらのファイル群全体のことを「BetterFormComponent」と呼びます。

コンポーネントをブラウザに表示する

次に作成したBetterFormComponentをブラウザで表示できるように修正します。そのためには、「Section 4-3 新しいコンポーネントを追加する」で説明したのと同じようにapp.component.htmlを書き換えます。

すでに本書をここまで読み進めている段階で、「Section 4-3」において、app.component.htmlに次のように記述し、自動生成された箇所は「<!--」と「-->」で囲んでコメントアウトにしていたはずです。

app.component.html

```
<app-simple-form></app-simple-form>
```

この部分を、BetterFormComponentを表示するため、次のように修正します。

app.component.html

```
<app-better-form></app-better-form>
```

編集して保存すると、ブラウザで再読込され、画面には「better-form works!」と表示されるはずです（**図7-2-2**）。

図 7-2-2　BetterFormComponentを表示したところ

better-form works!

ReactiveFormsModuleを使えるようにする

リアクティブフォームは、ReactiveFormsModuleとして構成されています。そこでこのモジュールを使えるように、app.module.tsを編集してインポートします。

Visual Studio Codeでapp.module.tsファイルを開き、**リスト7-2-1**のように修正してください。太字の部分が修正した箇所です。

修正しているところは2つあります。ひとつは4行目のimport文で、モジュールの読み込みを指示します。

```
import { FormGroup, FormControl, ReactiveFormsModule } from '@angular/forms';
```

この行のfromのところを見るとわかるように、ReactiveaFormsModuleは、これまで使ってきたFormsModuleと同じ「@angular/forms」の場所にあります。そのため4行目として独立して書くのではなく、3行目を次のようにして、まとめて記述することもできます。

```
import { FormModule, FromGroup, FormControl, ReactiveFormsModule
} from '@angular/forms';
```

もうひとつは、19行目のimportsの「[」と「]」のなかです。この宣言によって、ReactiveFormsModuleが使えるようになります。

```
imports: [
    BrowserModule,
    FormsModule,
    ReactiveFormsModule
],
```

リスト 7-2-1 ReactiveFormsModuleを使えるようにする（app.module.ts）

```
1 import { BrowserModule } from '@angular/platform-browser';
2 import { NgModule } from '@angular/core';
3 import { FormsModule } from '@angular/forms';
4 import { FormGroup, FormControl, ReactiveFormsModule } from '@angular/forms';
5
6 import { AppComponent } from './app.component';
7 import { SimpleFormComponent } from './simple-form/simple-form.component';
```

```
import { BetterFormComponent } from './better-form/better-form.
component';

@NgModule({
  declarations: [
    AppComponent,
    SimpleFormComponent,
    BetterFormComponent
  ],
  imports: [
    BrowserModule,
    FormsModule,
    ReactiveFormsModule
  ],
  providers: [],
  bootstrap: [AppComponent]
})
export class AppModule { }
```

Section 7-3 FormGroupやFormControlを作って連結する

Section 7-1で説明したように、リアクティブフォームでは、コンポーネントにFormGroupやFormControlを実装しておき、それをテンプレート側から参照するように構成します。

テンプレートとコンポーネントとの連結方法

リアクティブフォームを構成する場合、テンプレートとコンポーネントとを、概ね、**図7-3-1**のように構成することで連結します。

図 7-3-1 リアクティブフォームにおけるテンプレートとコンポーネントとの連結方法

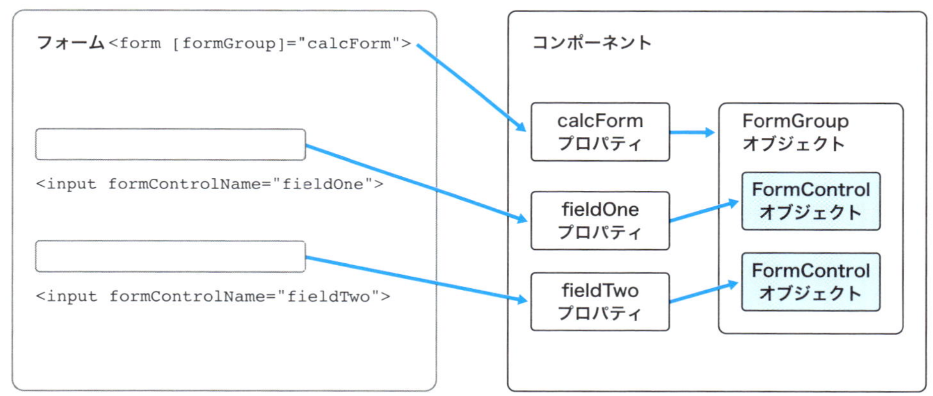

結び付けるFormGroupやFormControlを設定する

FormGroupオブジェクトとFormControlオブジェクトを作っておき、プロパティを通じて公開しておく

コンポーネント側の実装

コンポーネント側ではFormGroupオブジェクトを作り、その内部にFormControlを含める構成をとります。今回の足し算アプリの例だとテキストボックスが2つあるので、FormGroupのなかにFormControlを2つ含める構成となります。

テンプレート側から、これらのFormGroupやFormControlにアクセスできるように、プロパティとして参照できるようにしておきます。

図7-3-1にあるように、ここでは、1つめのFormControlはfieldOne、2つめのFormControlはfidleTwoというプロパティでアクセスできるように構成しました。

テンプレート側の実装

テンプレート側では次の2つの書式を使って、FormGroupやFormControlと結びつけます。

❶ FormGroup

次のように記述すると、コンポーネントのプロパティから参照できるFormGroupに結びつきます。

```
<form [formGroup]=" プロパティ名 ">
```

❷ FormControl

次のように記述すると、コンポーネントのプロパティから参照できるFormControlに結びつきます。

```
<input formContol=" プロパティ名 ">
```

コンポーネント側を実装する

では、このような構成をとるようにプログラムを記述していきます。

まずはコンポーネント側を実装します。Visual Studio Codeでbetter-form.component.tsを開き、**リスト7-3-1**のように入力してください。太字が修正した部分です。

リスト 7-3-1 better-form.component.ts

```
import { Component, OnInit } from '@angular/core';
import { FormGroup, FormControl} from '@angular/forms';

@Component({
  selector: 'app-better-form',
  templateUrl: './better-form.component.html',
  styleUrls: ['./better-form.component.css']
})
export class BetterFormComponent implements OnInit {
  calcForm: FormGroup;
  result: string = " 足し算しましょう ";

  constructor() { }

  ngOnInit() {
    this.calcForm = new FormGroup({
```

```
17          "fieldOne": new FormControl("0"),
18          "fieldTwo": new FormControl("0")
19        });
20      }
21
22      get fieldOne(){return this.calcForm.get("fieldOne");}
23      get fieldTwo(){return this.calcForm.get("fieldTwo");}
24    }
```

リスト7-3-1では、次の処理をしています。

❶ FormGroupとFormControlのインポート

FomrGroupとFormControlを利用するため、インポートが必要です。2行目でインポートをしています。

```
import { FormGroup, FormControl} from '@angular/forms';
```

❷ FormGroupやFormControlの作成

コンポーネントが作成されるときは、FormGroupオブジェクトやFormControlオブジェクトを作成しなければなりません。作成するにはいくつかの方法がありますが、コンポーネントが初期化されるときに実行されるngOnInitという名前のメソッドを使う方法をとりました。

まずは、作成したFormGroupオブジェクトを保存するプロパティ（変数）を用意しておきます。どのような名前でもかまいませんが、ここでは「calcForm」というプロパティ名としました。

```
calcForm: FormGroup;
```

そして、ngOnInitメソッドのなかの処理で、FormGroupオブジェクトやFormControlオブジェクトを作成し、そうして作成したFormGroupオブジェクトを、このcalcFormに保存するようにしました。

FormGroupやFormControlはnew演算子を使って作成します。FormControlを作成するとき、括弧のなかに指定している「"0"」という値は、このフォームに設定される初期値です。あとでテンプレートと結びつけますが、ここでは「"0"」を指定しているので、結びつけられた入力フィールドでは、初期値として「0」が表示されることになります。

```
ngOnInit() {
  this.calcForm = new FormGroup({
    "fieldOne": new FormControl("0"),
    "fieldTwo": new FormControl("0")
  });
}
```

❸ FormControlにアクセスするためのプロパティの実装

FormGroupは、上記のようにcalcFormプロパティを使ってアクセスできますが、FormControlにアクセスできません。そこでアクセスできるようにするため、fieldOne、fieldTwoという2つのプロパティを作ります。

これらのプロパティは❷で作成したFormControlオブジェクトを、それぞれ返すようにしているだけです。

```
get fieldOne(){return this.calcForm.get("fieldOne");}
get fieldTwo(){return this.calcForm.get("fieldTwo");}
```

テンプレート側を実装する

次に、テンプレート側を実装します。better-form.component.htmlを開き、**リスト7-3-2**のように修正してください。このファイルは、「すべて書き換え」となります。

リスト 7-3-2 before-form.component.html

```
<form [formGroup]="calcForm">
  <input formControlName="fieldOne">
   +
  <input formControlName="fieldTwo">
  <button>CALC</button>
</form>
<div>{{result}}</div>
```

FormGroupやFormControlを結び付けるには、次のようにします。

❶ FormGroupの結びつけ

次のように記述することで、コンポーネントのcalcFormプロパティから参照できるFormGroupオブジェクトと連結しています。

```
<form [formGroup]="calcForm">
```

❷ FormControlの結びつけ

次のように記述することで、コンポーネントのfieldOneプロパティならびにfieldTwoプロパティから参照できるFormControlオブジェクトと連結しています。

```
<input formControlName="fieldOne">
 +
<input formControlName="fieldTwo">
```

ここまでの設定で、入力フォームのFormGroupやFormControlがコンポーネントと結びつきました。ブラウザで確認すると、**図7-3-2**のようになります。

図 7-3-2　入力フォームができた

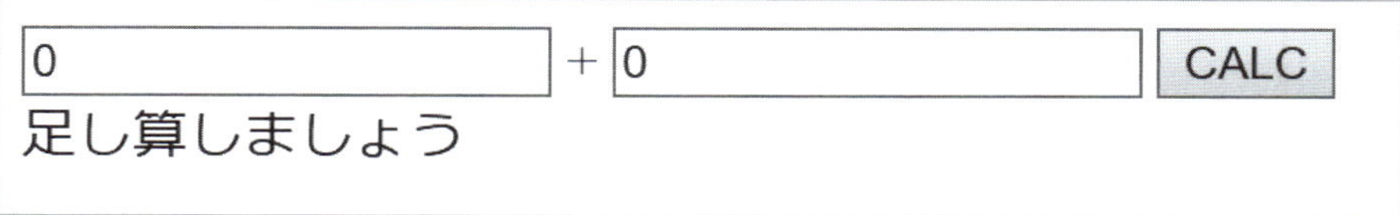

Section 7-4

リアクティブフォームにおける入力値の参照

さて次に、ボタンがクリックされたときの処理を実装していきます。リアクティブフォームでは、結びつけられたFormControlオブジェクトを通じて、入力された値を取得します（値を設定することもでき、値を設定すれば、その値がフォームに表示されます）。

文字連結もできる足し算機能を作る

テンプレート駆動型のフォームと同様に、[CALC] ボタンがクリックされたときに、足し算する処理を作りますが、同じものを作っても面白くないので、改良して「数字ではないものが入力されたときはそれを結合する」という処理にします。たとえば、「1」と「1」が入力されたときは「2」という結果を表示しますが、「a」と「b」が入力されたときは「ab」と結果を表示するという具合です（**図7-4-1**）。

図 7-4-1　文字列が入力されたときは結合する

1 + 1 CALC
1+1 = 2

▲数値が入力されたときは足し算

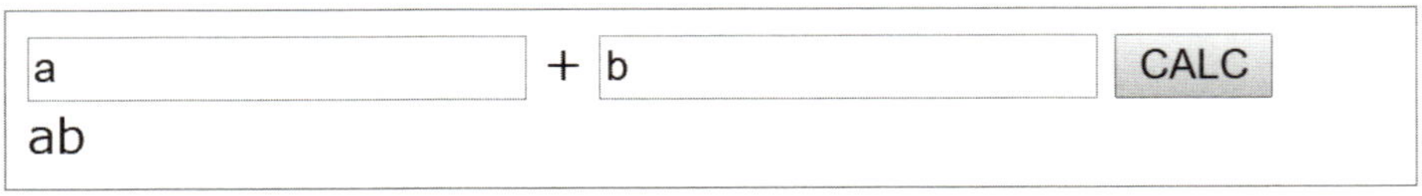

a + b CALC
ab

▲文字が入力されたときは結合

ボタンがクリックされたときに実行されるメソッドを指定する

まずはテンプレート側を変更して、ボタンがクリックされたときに、コンポーネントに実装した「足し算（および文字列の結合）」の処理をするメソッド（その実態は、これから作っていきます）を実行するように構成します。そのためには、テンプレート駆動型フォームの場合と同様、button要素の「(click)」を指定します。どのようなメソッド名でもよいのですが、ここではaddAnywayという名前にします（**リスト7-4-1**）。

リスト 7-4-1 button要素に「(click)」を追加する（better-form.component.html該当部分抜粋）

```
<button (click)="addAnyway()">CALC</button>
```

ボタンがクリックされたときの処理をメソッドとして記述する

次に、このaddAnywayメソッドをコンポーネントに実装します。better-form.component.tsファイルを開き、**リスト7-4-2**のように修正してください。太字が追加した箇所です。

リスト 7-4-2 addAnyawayメソッドを実装する（better-form.component.ts）

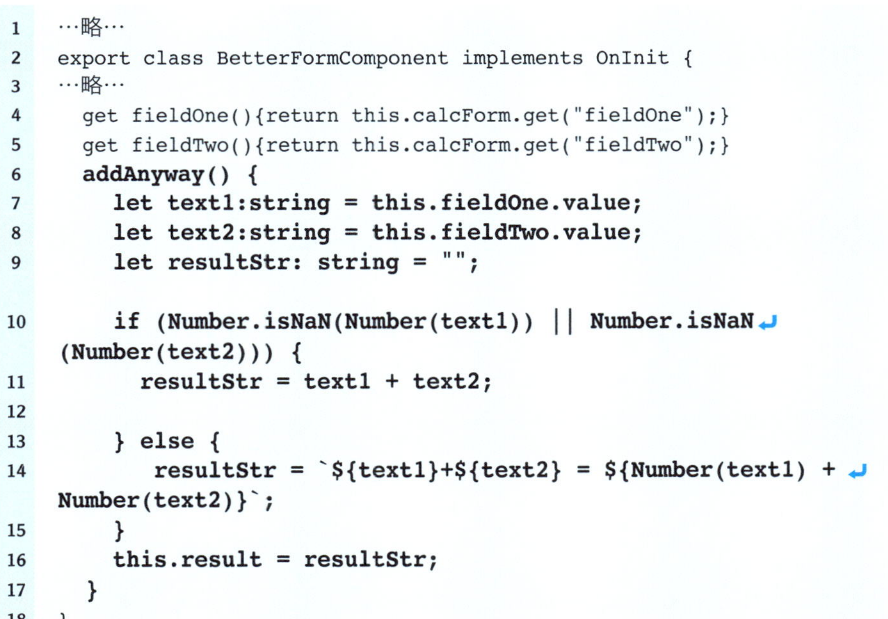

```
…略…
export class BetterFormComponent implements OnInit {
…略…
  get fieldOne(){return this.calcForm.get("fieldOne");}
  get fieldTwo(){return this.calcForm.get("fieldTwo");}
  addAnyway() {
    let text1:string = this.fieldOne.value;
    let text2:string = this.fieldTwo.value;
    let resultStr: string = "";

    if (Number.isNaN(Number(text1)) || Number.isNaN(Number(text2))) {
      resultStr = text1 + text2;

    } else {
      resultStr = `${text1}+${text2} = ${Number(text1) + Number(text2)}`;
    }
    this.result = resultStr;
  }
}
```

❶ 値の取得

リアクティブフォームでは、入力コントロールに入力された値は、FormControlオブジェクトに格納されています。すでにテンプレート側では、左側のテキストボックスをfieldOneプロパティ、右側のテキストボックスのfieldTwoプロパティに結びつけているので、これらのプロパティが指しているFormControlオブジェクトに格納されます。

FormControlオブジェクトが、現在保持している値（入力されている値）は、valueプロパティで参照できます。そこで次のようにして入力された文字列を取得しています。

```
let text1:string = this.fieldOne.value;
let text2:string = this.fieldTwo.value;
```

❷ **足し算または文字列の結合**

Chapter6で説明したようにNumber関数を使うと数値に変換できます。数値の変換に失敗したとき（数字ではない文字で構成されている場合）は、Number.isNaNが成り立ちます。そこで次のようにして、「どちらも数値であるときは、足し算する」「そうでなければ連結する」というプログラムにしました。

足し算する処理はChapter6で説明したのと同じです。文字列の連結は、Number関数を使って変換せずに、そのまま「+」記号を使うことで実現できます。

```
if (Number.isNaN(Number(text1)) || Number.isNaN(Number(text2))) {
  resultStr = text1 + text2;
} else {
  resultStr = `${text1}+${text2} = ${Number(text1) +↵
Number(text2)}`;
}
```

計算結果は、resultプロパティに設定しています。

```
this.result = resultStr;
```

この結果は、テンプレート側の「{{result}}」と書いたところに差し込まれて表示されます。

Section 7-5 バリデータ機能を実装する

最後に、リアクティブフォームの場合の、バリデータ機能を説明します。リアクティブフォームの場合、バリデータの設定をテンプレートではなくて、コンポーネントのほうに記述します。

FormControlオブジェクトを作るときに指定する

バリデータを設定するには、いくつかのやり方があり、そのうちの簡単な方法のひとつとして挙げられるのが、FormControlオブジェクトを作るときに指定する方法です。

ここまで、FormControlオブジェクトを作る処理は、ngOnInitメソッドで、次のように記述しました。

```
this.calcForm = new FormGroup({
  "fieldOne": new FormControl("0"),
  "fieldTwo": new FormControl("0")
});
```

FormControlを作るときの括弧の中には、「"0"」が指定してあり、これが初期値となります。バリデータを設定するときは、この後ろにさらにバリデータの設定を追加します。バリデータの設定はValidatorsクラスにあり、たとえば「Validators.required」は「必須であることを」というバリデータを示します。たとえば次のようにすると、必須であるというバリデータを設定できます。

```
FormControl("0", Validators.required)
```

バリデータは複数指定することもできます。その場合は「[」と「]」で囲み、カンマで区切って配列の書式として指定します。たとえばValidatorには、文字数の上限・下限を設定するmaxLength, minLengthがあり、制限する文字数を引数で指定します。たとえば次のようにすると、「必須である」「5文字以下である」という制約を追加できます。

```
FormControl("0", [Validators.required, Validators.maxLength(5)])
```

実際にやってみましょう。

ここでは、「左側のテキストボックスは入力必須」「右側のテキストボックスは入力必須、かつ、最大入力文字数5文字まで」いうバリデートを設定してみます。Visual Studio Codeでbetter-form.component.tsファイルを開き、**リスト7-5-1**のように修正してください。太字の部分が修正箇所です。このプログラムでは、Validatorsを利用するため、2行目でインポートしています。忘れないようにしてください。

```
import { FormGroup, FormControl, Validators } from '@angular/forms';
```

リスト 7-5-1 バリデータを設定する（better-form.component.ts）

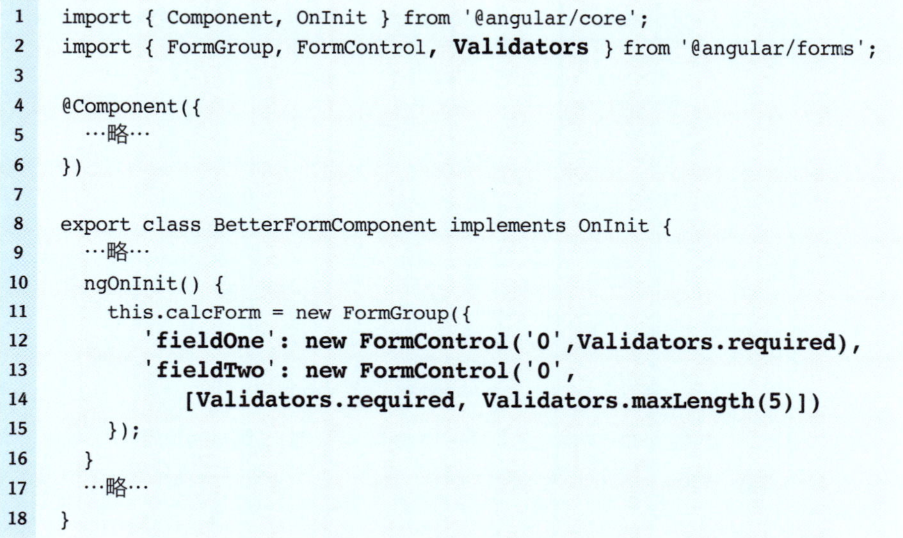

```
1  import { Component, OnInit } from '@angular/core';
2  import { FormGroup, FormControl, Validators } from '@angular/forms';
3  
4  @Component({
5    …略…
6  })
7  
8  export class BetterFormComponent implements OnInit {
9    …略…
10   ngOnInit() {
11     this.calcForm = new FormGroup({
12         'fieldOne': new FormControl('0',Validators.required),
13         'fieldTwo': new FormControl('0',
14             [Validators.required, Validators.maxLength(5)])
15     });
16   }
17   …略…
18 }
```

入力エラーがあるときはボタンがクリックされないようにする

これでバリデータが効くはずです。実際に試してみましょう。そのために、まずは、バリデータが成功しなかったときは、ボタンがクリックできないようにしましょう。すでにChapter6で説明したように、button要素で「[disabled]="条件式"」を設定すれば無効になります。

このプログラムでは、FormGroupオブジェクトをcalcFormという名前で構成しているので、「calcForm.invalid」を条件にすれば、バリデータが成功していないときには、ボタンがクリックできなくなります。

better-form.component.htmlを開き、button要素を次のように修正してください。

ブラウザで確認すると、未入力のときや右側のテキストボックスに6文字以上入力したときは、ボタンがクリックできなくのがわかるはずです。

```
<button (click)="addAnyway()" [disabled]="calcForm.invalid">CALC</⏎
button>
```

条件付きのCSSクラス

Chapter6では、バリデータに成功していないときは赤色の下線、成功しているときは緑色の下線を表示するように構成しました。これと同じことをリアクティブフォームでも実装してみます。

そのためには、まず、CSSクラスを定義します。ここでは、「input-valid」と「input-invalid」というクラスを用意し、それぞれ赤色の下線、緑色の下線のスタイルを定義するようにします。better-form.component.cssファイルを開いて、**リスト7-5-2**のように入力してください。

リスト 7-5-2 validとinvalidに対して それぞれ赤色の下線と緑色の下線のスタイルを設定する 

```
.input-valid {
    border-bottom: 2px solid green;
  }

.input-invalid {
    border-bottom: 2px solid red;
  }
```

そして次に、バリデータが成功したときにはinput-validを、そうでないときはinput-invalidを適用するようにテンプレートを修正します。

AngularではHTMLタグの次の書式の属性を記述すると、条件が成り立ったときにだけ、そのクラスが適用されるようになります。この指定のことを条件付きのCSSクラスと言います。

書式 条件付きのCSSクラス

```
[class.クラス名]="条件"
```

そこでテンプレートを**リスト7-5-3**のように修正すると、バリデータが成功したかどうかによって、「input-valid」「input-invalid」のいずれかのクラスが適用され、それぞれ緑色の下線、赤色の下線が引かれるようになります。

MEMO

条件付きのCSSクラスは、リアクティブフォーム専用の機能ではありません。テンプレート駆動型フォームでも利用できます。

リスト 7-5-3 バリデータが成功したか否かによって適用するCSSクラスを変更する (better-form.component.html)

```
<form [formGroup]="calcForm">
   <input formControlName="fieldOne"
   [class.input-invalid]="fieldOne.invalid"
   [class.input-valid]="fieldOne.valid">
   +
   <input formControlName="fieldTwo"
   [class.input-invalid]="fieldTwo.invalid"
   [class.input-valid]="fieldTwo.valid">

   <button (click)="addAnyway()" [disabled]="calcForm.invalid">CALC</button>
</form>
<div>{{result}}</div>
```

エラーメッセージを表示する

次に、エラーのときにメッセージを表示するようにしてみましょう。それには、すでにChapter6で説明した「*ngIf」の構文を使えます。具体的には、次のようにすれば、左のテキストボックスが空欄のときにエラーメッセージを表示できます。

```
<div *ngIf="fieldOne.invalid">左側のフィールドが空白です</div>
```

基本的にはこれでよいのですが、右側のテキストボックスには、バリデータを「必須」と「最大長が5文字まで」という2つのバリデータを設定しているので、この「.invalid」という書き方では、どちらのバリデータに失敗したのかの判断ができません。そこで、さらに「.errors」というプロパティを調べます。

.errorsプロパティは、そのうしろにバリデータ名を付けると、そのバリデータにエラーがあったかどうかを示します。たとえば、requiredというバリデータであれば「.errors.required」、maxlengthというバリデータであれば「.errors.maxlength」という条件が成り立ちます。

そこでテンプレートを**リスト7-5-4**のように修正します。太字が修正した箇所です。これによって、「左側のフィールドが空白です」「右側のフィールドが空白です」「右側のフィールドの最大は5文字」というエラーメッセージが、それぞれのバリデータが失敗したときに表示されるようになります。

MEMO

これらの「.errors」の表記は、リアクティブフォーム専用というわけではなく、テンプレート稼働フォームでも使えます。

リスト 7-5-4　エラーメッセージを表示する（better-form.component.html） 

```
<form [formGroup]="calcForm">
  <input formControlName="fieldOne"
  [class.input-invalid]="fieldOne.invalid"
  [class.input-valid]="fieldOne.valid">
  +
  <input formControlName="fieldTwo"
  [class.input-invalid]="fieldTwo.invalid"
  [class.input-valid]="fieldTwo.valid">

  <button (click)="addAnyway()" [disabled]="calcForm.invalid">CALC</button>
  <div *ngIf="fieldOne.invalid && fieldOne.errors.required">左側のフィールドが空白です</div>
  <div *ngIf="fieldTwo.invalid && fieldTwo.errors.required">右側のフィールドが空白です</div>
  <div *ngIf="fieldTwo.invalid && fieldTwo.errors.maxlength">右側のフィールドの最大は5文字</div>
</form>
<div>{{result}}</div>
```

文字入力されたときに計算結果を消す

以上で、ほぼ完成ですが、最後にひとつだけ、細かい修正をしておきましょう。それは、テキストボックスに新しい文字を入力したら、計算結果が消えるようにする処理です。

このままだと、一度、計算結果を表示すると、違う数値を入力しても、[CALC] ボタンをクリックしない限り、そのままずっと表示され続けます。これだと本当に再計算しているかどうかわからないので、テキストボックスに新しく文字入力されたら、結果を消そうというわけです（**図7-5-1**）。

図 7-5-1　テキストボックスに新しく文字入力されたら結果を消す

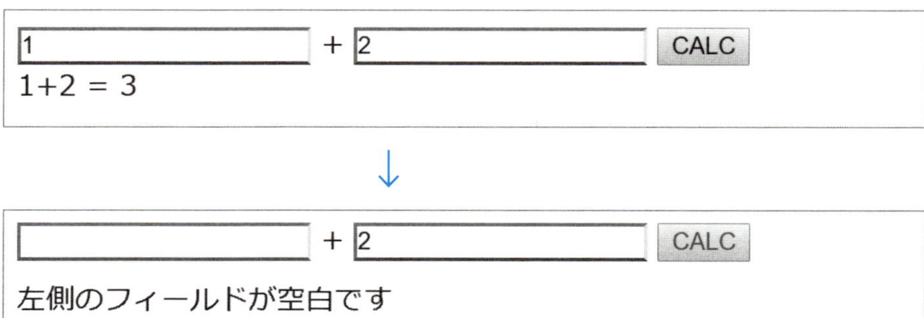

▲テキストボックスを空にしたり、新しい文字を入力したりすると
前回の結果である「1+2=3」の部分が消える

いくつかの実装方法がありますが、ここでは、テキストボックス上でキー入力されたタイミングで、計算結果をクリアすることにします。

キー入力されたときに何かプログラムを実行したいときは、「(keyup)="実行したいメソッド名"」のように表記します。まずは、テンプレートを**リスト7-5-5**のように修正します。

MEMO

(keyup) 以外に (keydown) というものもあります。(keydown) はボタンを押したとき、(keyup) はボタンを放したときに、実行される関数を指定するものです。「キー入力のタイミング」の場合は、押されたときよりも放されたときに実行するほうが自然なので、ここでは (keyup) のほうを使いました。

リスト 7-5-5　キー入力されたときにclearResultメソッドを実行する (better-form.component.html)

```
<form [formGroup]="calcForm">
    <input formControlName="fieldOne" (keyup)="clearResult()"
    [class.input-invalid]="fieldOne.invalid"
    [class.input-valid]="fieldOne.valid">
    +
    <input formControlName="fieldTwo" (keyup)="clearResult()"
    [class.input-invalid]="fieldTwo.invalid"
    [class.input-valid]="fieldTwo.valid">
 …略…
```

リスト7-5-5では、テキストボックスを次のように修正しました。(keyup) にclearResultというメソッドを指定しているので、キー入力されたときはclearResultメソッドが実行されます（このメソッドはコンポーネント側に、すぐあとに実装します）。

```
<input formControlName="fieldOne" (keyup)="clearResult()"
[class.input-invalid]="fieldOne.invalid"
[class.input-valid]="fieldOne.valid">

<input formControlName="fieldTwo" (keyup)="clearResult()"
[class.input-invalid]="fieldTwo.invalid"
    [class.input-valid]="fieldTwo.valid">
```

次にコンポーネントにclearResultメソッドを実装し、そのなかの処理で計算結果をクリアするようにします。そのプログラムは、**リスト7-5-6**のようになります。

clearResultメソッドでは、次のようにthis.resultに「""」を設定しています。「""」は、何も含んでいない文字なので、これを設定すると空になります。

```
this.result="";
```

このresultは、テンプレート上で「{{result}}」として参照されている値であり、計算結果を示しています。つまりresultに「""」を設定することにより、計算結果が消えます。

リスト 7-5-6　計算結果をクリアするclearResultメソッドを実装する (better-form.component.ts)

```
import { Component, OnInit } from '@angular/core';
……略……
export class BetterFormComponent implements OnInit {
  ……略……
  addAnyway() {
    ……略……
    this.result = forResult;
  }

  clearResult(){
    this.result="";
  }
}
```

Chapter 7のまとめ

この章では、コンポーネント側で入力コントロールを管理するリアクティブフォームについて説明しました。

❶ リアクティブフォームとは

FormGroupやFormControlなどをコンポーネント側に持つ仕組みのことです。これらのオブジェクトはプロパティとして公開しておきます。

❷ テンプレートとリアクティブフォームとの連結

FormGroupやFormControlとの連結は、次のように①で用意したプロパティを参照する形で記述します。

```
<form [formGroup]=" プロパティ名 ">
```

```
<input formContolName=" プロパティ名 ">
```

❸ 入力された値の取得

入力された値は、❶のオブジェクトのvalueプロパティで参照します。たとえば、fieldOneというプロパティで示されるFormControlオブジェクトに入力された値は、次のようにして参照できます。

```
let text1:string = this.fieldOne.value;
```

❹ バリデータの設定

バリデータはFormControlオブジェクトを作るときに設定します。

```
FormControl("0", Validators.required)
```

複数設定するときは、「[]」で囲んでカンマで区切り、配列にします。

```
FormControl("0", [Validators.required, Validators.maxLength(5)])
```

❺ 条件付きのCSSクラス

「[class.クラス名=条件式]」という書式を使うと、その条件が成り立つときだけ、指定したクラスが適用されるようになります。そうすることで、バリデートが成功したときや失敗したときに、追加のクラスを出力するように構成できます。

❻ キーボードイベント

入力コントロールで「(keyup)="メソッド名()"」のように記述すると、キーボードが放されたときに、指定したメソッドを実行することができます。

次章では、チェックボックスやラジオボタン、ドロップダウンリストなど、テキスト以外の入力コントロールの使い方を説明します。

さまざまな入力コントロール

この章では、チェックボックスやラジオボタン、ドロップダウンリストなどのコントロールを扱います。また、FormBuilderを使って入力フォームを簡単に記述する方法も説明します。

Section 8-1 コントロールとフォームビルダー

これまでテキストボックスを使いながら、さまざまなディレクティブ（記法）を使って、テンプレートとTypeScriptのプログラムとを連動させる方法を学んできました（**表8-1-1**）。

ユーザーからの入力を受け付ける**入力コントロール**には、テキストボックス以外にも、テキストエリア、チェックボックス、ラジオボタン、ドロップダウンリストなど、さまざまな入力コントロールがあり、Angularではそれらにも同等の記法が提供されています。

この章では、こうした入力コントロールの使い方を説明します。

表 8-1-1　これまで説明したディレクティブ

記法	フォームの種類	説明	必要なモジュール
ngForm	テンプレート駆動型フォーム	フォーム全体を管理するオブジェクトを構成する	FormsModule
ngModel	テンプレート駆動型フォーム	テキストボックスなどの入力コントロールを管理するオブジェクトを構成する	FormsModule
formGroup	リアクティブフォーム	フォーム全体を管理するオブジェクトを構成する	ReactiveFormsModule
formControlName	リアクティブフォーム	テキストボックスなどの入力コントロールを管理するオブジェクトを構成する	ReactiveFormModule

この章で作成するもの

この章では、テキストボックス以外に、ラジオボタン、チェックボックス、そして、ドロップダウンリストを入力コントロールとして使った例として、**図8-1-1**に示す入力フォームを考えます。

このフォームは、どこかのお店で提供するコーヒーの品目を入力する画面を想定しています。

フォーム上の、それぞれの入力コントロールには識別名を付けておきます。たとえば、「品名」を示すテキストボックスには「name」、「テイスト」を示すテキストボックスには

「taste」などです（**表8-1-2**）。

図 8-1-1　この章で作成する入力フォーム

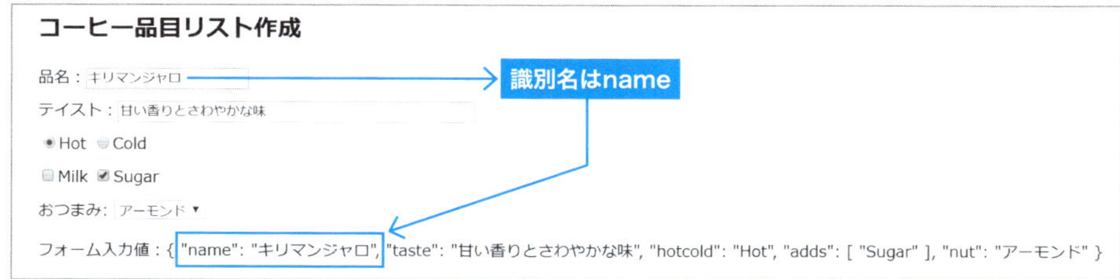

表 8-1-2　それぞれの入力コントロールの種類と識別名

識別名	意味	コントロールの種類
name	コーヒーの銘柄	テキストボックス
taste	その風味の説明	テキストボックス
hotcold	コーヒーをホットで出すか冷やして出すかの2択	ラジオボタン
adds	砂糖かミルク、または両方を付けるか全く付けないか	チェックボックス
nut	おつまみサービスに出す木の実を3種類から選ぶ	ドロップダウンリスト

入力されたデータを、データベースなどに保存する仕組みを作れば、それで立派なデータベースシステムになりますが、難易度が高く本書の範囲を超えるので、ここでは画面の下に、入力されたデータをリアルタイムでJSON形式で表示するものをサンプルとしました。JSON形式とは、次のような書式の文字列です。

書式 JSON形式

```
{" 属性名 " : " 値 ", " 属性名 " : " 値 "}
```

たとえば、品目に「キリマンジャロ」と入力したときには、「"name":"キリマンジャロ"」のように表示されます。

JSON形式は、構造化したデータを表現するときに使われる書式で、ネットワークを介してデータを転送するときなどに、よく使われます。

JSONとは

JSONとは「JavaScript Object Notation」の略で、JavaScriptの言語文法を使ってデータの構造を示す形式です。全体を「{}」で囲み、配列などはさらに「[]」で囲むなどの書式の決まりがあります。

JavaScript発祥のデータ構造書式ですが、それ以外のプログラミング言語でも、幅広く使われています。

新しいコンポーネントを作成する

このようなサンプルを作成するため、新しくコンポーネントを作ります。ここではコンポーネント名は「Controlsコンポーネント」とします。

そのために、プロジェクトフォルダ「simpleform」に移動した状態で、コマンドプロンプトやWindows PowerShellなどから、次のコマンドを入力してください。

```
ng g c controls
```

実行が完了すると、プロジェクトフォルダ「simpleform」の下のsrcの下のappフォルダに「controls」フォルダが作成されます。このなかに生成したControlsコンポーネントに関連するファイルが作られます。これまで作成した「simple-form」「better-form」と並ぶことになります（**図8-1-2**）。

図 8-1-2　作られたControlsコンポーネント

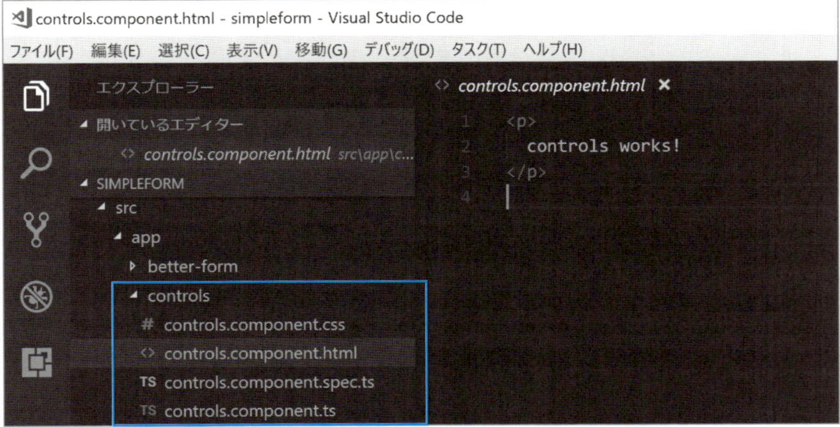

これから編集していくファイルは「controls.component.html」というファイル名のHTMLファイルと、「controls.component.ts」というTypeScriptファイルです。この章では、CSSファイルである「controls.components.css」は修正しません。TypeScriptで定義するクラス名は、「ControlsComponent」です。

コンポーネントをブラウザに表示する

これまでやってきた方法と同様に、いま作ったControlComponentを表示するため、app.component.htmlを書き換えます。ここまでの流れでは、app.component.htmlは、次のようになっているはずです。

修正前 app.component.html

```
<app-better-form></app-better-form>
```

これを次のように修正し、ControlsComponentが表示されるようにしてください。すると、ブラウザに「controls works!」という文字が表示されるはずです（**図8-1-3**）。

修正後 app.component.html

```
<app-controls></app-controls>
```

図 8-1-3　ControlsComponentの内容が表示された

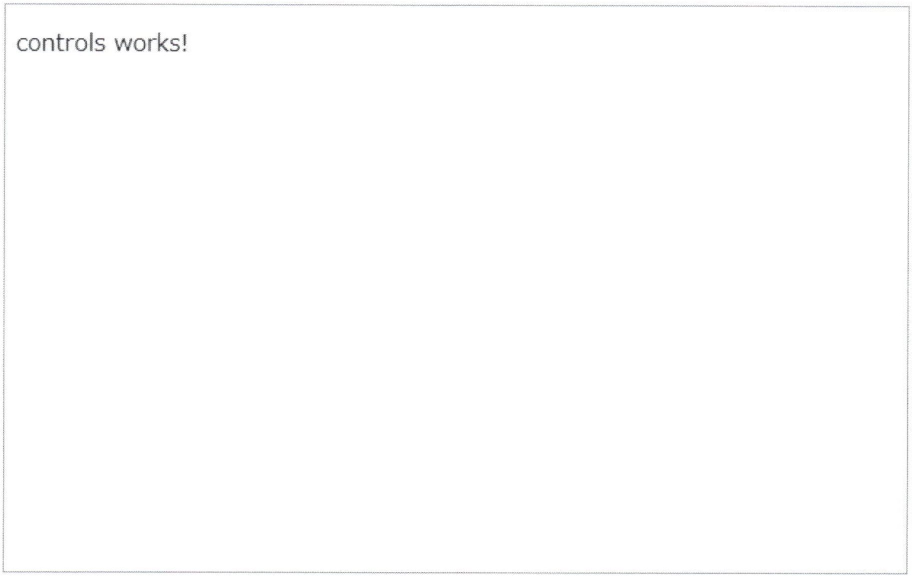

controls works!

Section 8-2 FormBuilderを使った入力フォームの作成

図8-1-1のような入力フォームを構成する場合、これまで通り、FormGroupの下にFormControlを入力コントロールの数だけ並べていく構造で示すことになりますが、入力コントロールとFormControlとの対応を、ひとつひとつ設定していくのは大変です。

こうした手間を省く方法として、AngularではFormBuilderを使う方法があります。

FormBuilderを使えるようにする

まずは、TypeScriptのプログラムであるcontrols.component.tsを開いて、FormBuilderを使うための修正をします。**リスト8-2-1**のように修正してください。太字の部分が修正箇所です。2カ所あります。

リスト 8-2-1　FormBuilderを使うようにコンポーネントを修正する (controls.component.ts)

```
import { Component, OnInit } from '@angular/core';
import { FormControl, FormGroup, FormBuilder } from '@angular/forms';

@Component({
  selector: 'app-controls',
  templateUrl: './controls.component.html',
  styleUrls: ['./controls.component.css']
})
export class ControlsComponent implements OnInit {

  constructor(private fb: FormBuilder) { }

  ngOnInit() {
  }
}
```

❶ FormBuilder他のインポート

まずは、FormBuilderをインポートします。FormBuilderというクラスはライブラリ「@angular/forms」に定義されています。それ以外に、FormControlとFormGroupも使うので、次のようにしてインポートします。

```
import {FormControl, FormGroup, FormBuilder} from '@angular/forms';
```

❷ FormBuilderの注入

FormBuilderを使うには、このコンポーネントのなかでFormBuilderオブジェクトを作成します。そのためには、「注入（Injection）」という方法を使います。具体的には、コンポーネントの「コンストラクタ」と呼ばれる初期化処理をする部分に、その処理を記述します。コンストラクタはconstructorという名前であり、次のように括弧のなかに、FormBuilderを指定します。

```
constructor(private fb: FormBuilder) { }
```

このようにコンストラクタの引数として「fb」という名前をつけデータ型を記しておくと（この名前は任意です）、あとはどこででもこの「fb」という変数を「プロパティ（クラスから作成されるオブジェクトのプロパティ）」として用いることができます。これが注入です。

注入について

コンストラクタの引数に指定することで、オブジェクトが作られるのは、フレームワークがそのように設計されているからです。どのようなクラスでも、このようなことができるわけではありません。もし、自分で定義したクラスでこのようにできるようにするには、クラスの定義の仕方をその仕様に合わせなければなりません。

「注入」する形式の主な目的は、依存性の煩雑さを避けるためなので、「依存性の注入」と呼ばれます。しかしここでは詳しい理由は議論せず、FormBuilderというクラスの仕様が「注入により作成する」ことになっているため、ただそれに従います。

FormBuilderの基本

FormBuilderは、Chapter7で説明したリアクティブフォームにおいて、FormControlを簡単に生成する機能を提供するものです。

表8-1-2（→P.163）に示した、すべてのコントロールを一気に作るのは複雑なので、まずは、「コーヒーの銘柄（name）」と「その風味の説明（taste）」の2つのテキストボ

ックスだけを構成してみましょう。

テンプレートの作成

まずは、テンプレートのHTMLファイルを作成します。この方法はリアクティブフォームと同じです（**リスト8-2-2**）。

❶ FormGroupの設定

フォームとFromGroupとを結び付けます。ここでは、次のように「coffeeForm」という名前でアクセスできるFormGroupと結び付けようとしています。このcoffeeFormは、すぐあとでTypeScriptのプログラムでプロパティとして実装します。

なおここで指定している「novalidate」は、バリデータを使わないという設定です。バリデータを使うことももちろんできるのですが、バリデータについてはすでにChapter6で説明しており、説明が重複するので、ここでは利用しないことにします。

```
<form [formGroup] = "coffeeForm" novalidate>
```

❷ FormControlの結びつけ

テキストボックスは、次のようにしてFormControlと結び付けています。品名は「name」、テイストは「taste」という名前でアクセスできるFormControlと結び付けるようにしています。このnameとtasteは、すぐあとでTypeScriptのプログラムでFormBuilderを使って構成します。

```
<label>品名：<input formControlName="name" ></label>
<label>テイスト：<input formControlName="taste" size="50"></label>
```

❸ フォームに入力された結果をJSONとして表示する

末尾にある次の行は、coffeeFormのvalueプロパティの値をJSON形式で表示するためのものです。

```
<p>フォーム入力値：{{coffeeForm.value | json}}</p>
```

「{{」と「}}」で囲まれた部分は、その内容を出力するということはすでに説明しています。つまり、「coffeeForm.value | json」の内容を表示するという意味です。

coffeeFormは、❶で結び付けているFormGroupです。valueはその値を示すので、「フォームに入力されている値」ということになります。

そのうしろの「|」は、「フィルタ」と呼ばれるもので、書式変換などをするためのもの

です。「json」は、そのデータをJSON形式に変換するフィルタです。それ以外にも、**表8-2-1**に示すフィルタがあります。

リスト 8-2-2　2つのテキストボックスをフォームに構成する (controls.component.html)

```
<h2>コーヒー品目リスト作成</h2>
<form [formGroup] = "coffeeForm" novalidate>
  <div>
      <label>品名：<input formControlName="name" ></label>
  </div>
  <div>
      <label>テイスト：<input formControlName="taste" size="50"></label>
  </div>
</form>
<p>フォーム入力値：{{coffeeForm.value | json}}</p>
```

表 8-2-1　Angularで提供されている標準フィルタ

フィルタ	意味
filter	条件に合致するものだけに絞り込む
currency	金銭表示に整形する
number	数値表示に整形する
date	日付表示に整形する
json	JSON形式に整形する
lowercase	小文字に変換する
uppercase	大文字に変換する
limitTo	取り出す最大数を制限する
orderBy	並べ替える

クラスの作成

次に、TypeScriptのプログラムを修正します。TypeScriptのプログラムでやらなければならないことは、次の2点です。

❶ **coffeeFormプロパティでFormGroupと結び付けられるようにする**

❷ **nameやtasteという名称でFormControlと結び付けられるようにする**

そのように修正したプログラムは、**リスト8-2-3**のようになります。太字が修正した箇所です。

リスト 8-2-3　FormBuilderを使って2つのテキストボックスを作る例 (controls.component.ts)

```
import { Component, OnInit } from '@angular/core';
import { FormControl, FormGroup, FormBuilder } from '@angular/forms';

@Component({
  selector: 'app-controls',
  templateUrl: './controls.component.html',
  styleUrls: ['./controls.component.css']
})
export class ControlsComponent implements OnInit {
  coffeeForm:FormGroup;
  constructor(private fb: FormBuilder) {
     this.coffeeForm= this.fb.group({
       name: "ブレンド",
       taste: "バランスのよい口当たり"
     });
  }

  ngOnInit() {
  }

}
```

❶ FormGroupを構成するプロパティの用意

まずは、FormGroupをテンプレート側からcoffeeFormというプロパティで参照できるようにするため、その変数を用意します。

```
coffeeForm:FormGroup;
```

❷ FormBuilderを使ってFormGroupやFormControlを作る

次に、FormGroupやFormControlを作って、❶のcoffeeForm変数に設定します。ここでは、nameとtasteという名前で参照されています。仮にその初期値を、それぞれ「ブレンド」「バランスのよい口当たり」という文字列に設定する場合、Chapter7で説明したリアクティブフォームの仕組みを、そのまま使って実装すると、たとえば、次のようになります。

参考 リアクティブフォームを使う場合

```
this.coffeeForm = new FormGroup({
       "name": new FormControl(" ブレンド "),
       "taste": new FormControl(" バランスのよい口当たり ")
     });

get name() {return this.coffeeForm.get("name"); }
get taste() {return this.coffeeForm.get("taste"); }
```


しかし**リスト8-2-3**に示したように、FormBuilderを使う場合、この処理は次のように記述できます。

```
this.coffeeForm= this.fb.group({
  name: " ブレンド ",
  taste: " バランスのよい口当たり "
});
```

FormBuilderを使う場合は、上記の書式のように、

```
{
項目名 : " 初期値 ",
項目名 : " 初期値 ",
…
}
```

というデータを指定してgroupメソッドを呼び出します。すると、この設定で構成されたFormControlオブジェクトができ、それを束ねるFormGroupオブジェクトが作成されます。これをテンプレートからFormGroupオブジェクトとして参照できるようにするというわけです。

この流れを図示すると、**図8-2-1**のようになります。このように、項目名や初期値を指定するだけで、適切なFormControlオブジェクトを内包したFormGroupオブジェクトが作られるというのが、FormBuilderの基本的な動作です。FormBuilderを使えば、ひとつひとつFormGroupやFormControlを扱わなくてよいのでプログラムがすっきりし、開発者がそうした細かいところを記述しなくて済むようになります。

図 8-2-1　FormBuilderの役割

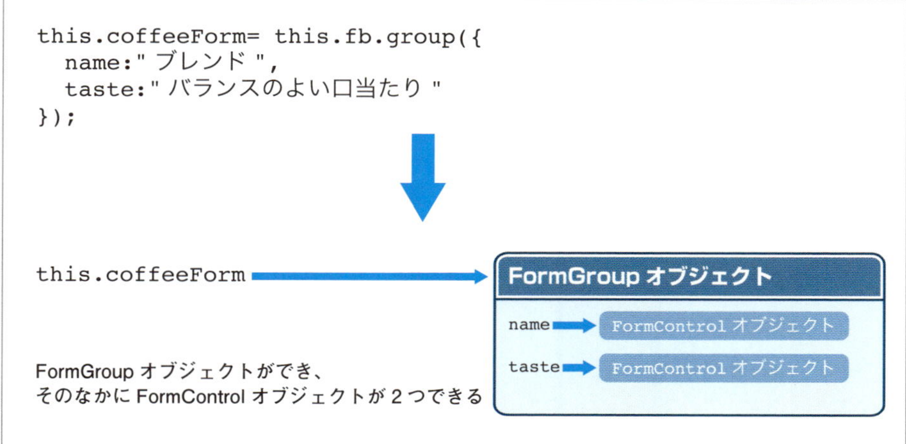

実行結果を確認する

以上を踏まえて、実行結果を確認しましょう。プログラムを修正して保存するとブラウザでリロードが発生し、**図8-2-2**のように表示されるのがわかるかと思います。このように初期値は「ブレンド」「バランスのよい口当たり」が、それぞれ設定されていて、その下に、格納されているデータがJSON形式でも表示されています。

図 8-2-2　実行結果の確認

コーヒー品目リスト作成

品名：ブレンド
テイスト：バランスのよい口当たり

フォーム入力値：{ "name": "ブレンド", "taste": "バランスのよい口当たり" }

この状態で、テキストボックスの内容を変更してみましょう。するとリアルタイムで、JSON形式のデータが、入力しているデータに置き換わります。つまり、2つのテキストボックスに入力した値は、coffeeFormプロパティが指すFormGroupオブジェクトのなかに、正しく格納されていくことがわかります（**図8-2-3**）。

図 8-2-3　値を変更するとJSON形式データも変わる

コーヒー品目リスト作成

品名：キリマンジャロ
テイスト：バランスのよい口当たり

フォーム入力値：{ "name": "キリマンジャロ", "taste": "バランスのよい口当たり" }

Section 8-3 ラジオボタンを追加する

テキストボックスができたところで、ラジオボタンを追加してみましょう。ラジオボタンは、複数の選択肢のなかから、ひとつを選択できるものです。ここでは「Hot」か「Cold」かのいずれかを選べるようにします。

ラジオボタンに関連付けるFormControlを作る

まずは、TypeScriptのプログラムを修正して、ラジオボタンの選択状態と結び付けるFormControlを作成します。FormControlの名前はhotcoldとし、その初期値は「Hot」とします。

そのために、**リスト8-3-1**のように修正します。修正したのは太字の箇所で、次のようにhotcoldという名前で、初期値として「Hot」を設定して、FomrControlを作るようにしただけです。

```
hotcold:"Hot"
```

MEMO

リスト8-3-1において、「hotcold:"Hot"」の行の挿入では、その前行の末尾に「,」も追加しているので注意してください。

リスト 8-3-1　選択肢とFormControlを作る（controls.component.ts） 

```
…略…
export class ControlsComponent implements OnInit {
  coffeeForm:FormGroup;
  constructor(private fb: FormBuilder) {
    this.coffeeForm= this.fb.group({
      name: " ブレンド ",
      taste: " バランスのよい口当たり ",
      hotcold:"Hot"
    });
  }
…略…
```

ラジオボタンの入力フォームを作る

次にラジオボタンを構成する入力フォームを作ります。テンプレートのファイルを**リスト8-3-2**のように修正します。

修正したのは太字の箇所で、次のようにラジオボタンを設定しました。「type="radio"」で指定すると、ラジオボタンになります。

```
<div>
    <span>
        <input type="radio" formControlName="hotcold" value="Hot">Hot
    </span>
    <span>
        <input type="radio" formControlName="hotcold" value="Cold">Cold
    </span>
</div>
```

value属性は、そのラジオボタンが選択されたときの値で、それぞれ「Hot」と「Cold」を設定しています。

この例からわかるように、ラジオボタンでもformControlName属性で、どの名前のFormControlと結び付けるのかを設定します。ここでは、どちらも「hotcold」に設定しています。このように複数のラジオボタンに同じFormControlを結び付けると、そのうちの、どちらか一方しか選べない――「Hot」か「Cold」のいずれかしか選べない――という状態になります。

この状態で実行してみると、「フォーム入力値」のところに表示されるJSONデータに「hotcold」という項目が加わり、「Hot」や「Cold」のどちらを選択されかが表示されることがわかります。

リスト 8-3-2　ラジオボタンを付ける（conrtols.component.html） 

```
<h2>コーヒー品目リスト作成</h2>
<form [formGroup] = "coffeeForm" novalidate>
  <div>
      <label>品名：<input formControlName="name" ></label>
  </div>
  <div>
      <label>テイスト：<input formControlName="taste" size="50"></label>
  </div>
  <div>
      <span>
        <input type="radio" formControlName="hotcold" value="Hot">Hot
      </span>
```

```
      <span>
        <input type="radio" formControlName="hotcold" value="Cold">Cold
      </span>
    </div>
</form>
<p> フォーム入力値：{{coffeeForm.value | json}}</p>
```

図 8-3-1　ラジオボタンを追加したときの実行結果

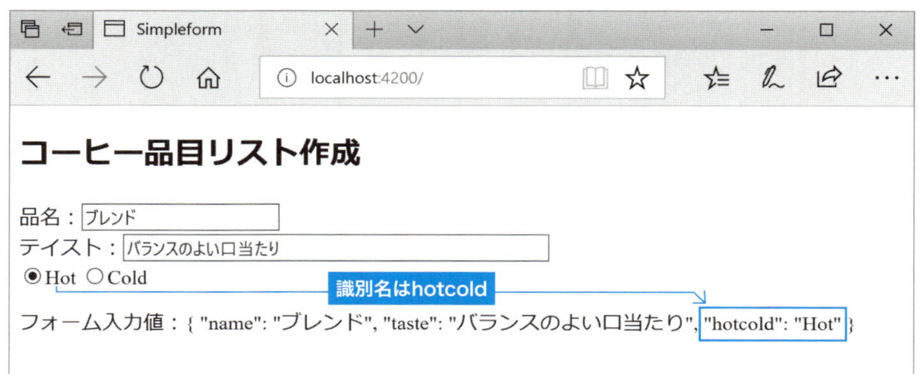

*ngForで繰り返し処理を書く

これで一応、ラジオボタンを実現できたのですが、ラジオボタンの数だけ、<input type="radio"…>を並べるのは、選択肢が多いときには効率的ではないので、選択肢を配列として用意しておき、それを繰り返しループで出力するようにするのが一般的です。今度は、その方法で実装してみましょう。

選択肢をプロパティとして定義する

まずは、TypeScriptのプログラム側に、**リスト8-3-3**に示すように、選択肢をプロパティとして定義します。ここではhotcoldselという名前にし、配列として「Hot」と「Cold」の2つの選択肢を設定しました。

```
hotcoldsel=["Hot", "Cold"];
```

そして初期値の設定を、this.hotcoldsel[0]に設定してあるので、この配列の先頭の値――すなわち「Hot」――が初期値として設定されます。

```
hotcold:this.hotcoldsel[0]
```

リスト 8-3-3　選択肢をプロパティとして定義する（controls.component.ts）

```
…略…
export class ControlsComponent implements OnInit {
  coffeeForm:FormGroup;
  hotcoldsel=["Hot", "Cold"];
  constructor(private fb: FormBuilder) {
    this.coffeeForm= this.fb.group({
      name: " ブレンド ",
      taste: " バランスのよい口当たり ",
      hotcold:this.hotcoldsel[0]
    });
  }
…略…
```

選択肢をループ処理で繰り返し出力する

次にテンプレート側で、このhotcolselプロパティを参照し、選択肢の数だけ<input type="radio" …>を出力します。そのためには、**リスト 8-3-4**のように修正します。

リスト 8-3-4　選択肢の数だけ<input type="radio" …>を繰り返し出力する（controls.component.html）

```
<h2> コーヒー品目リスト作成 </h2>
<form [formGroup] = "coffeeForm" novalidate>
…略…
  <div>
      <span *ngFor="let state of hotcoldsel">
           <input type="radio" formControlName="hotcold" [value]="state">{{state}}
      </span>
  </div>
</form>
…略…
```

Angularでは「*ngFor」という属性を使って、繰り返しを示します。*ngForは指定した配列値を取り出して、その数だけ、その要素自身を繰り返し出力する指定です。

リスト 8-3-4では、次のようにしています。

```
<span *ngFor="let state of hotcoldsel">
    <input type="radio" formControlName="hotcold" [value]="state">{{state}}
</span>
```

*ngForでは、"let state of hotcoldset"という値を指定しています。これは、「hotcoldsetからひとつずつ取り出し、その値をstateに格納して繰り返す」という意味です。

hotcoldsetは、TypeScriptのプログラムのほうで、配列として「Hot」と「Cold」が指定されています。つまり、stateに「Hot」と「Cold」の値が順に設定され、計2回出力されます（**図8-3-2**）。

ラジオボタンはspan要素のなかで次のように指定しています。

```
<input type="radio" formControlName="hotcold" [value]="state">{{state}}
```

「{{state}}」というのは「{{」と「}}」で囲まれているので、stateの内容を表示するという意味です。つまり、HotやColdの値になります。valueのほうも同様に、HotやColdに設定しますが、こちらは属性値と結び付けるため、「[value]=」のように、全体を「[」と「]」で囲む必要があります。

こうした*ngForの結果、最終的に、次のように展開されます。

```
<span>
    <input type="radio" formControlName="hotcold" value="Hot">Hot
</span>
<span>
    <input type="radio" formControlName="hotcold" value="Cold">Cold
</span>
```

*ngForを使った繰り返しは、少し複雑ですが、選択肢がたくさんあるときや変更したいときに、配列の部分だけ変更すればよいので、とても簡単です。

たとえばいまは、選択肢として「Hot」と「Cold」を、

```
hotcoldsel=["Hot", "Cold"];
```

と指定しているわけですが、これをたとえば、

```
hotcoldsel=["冷たい", "ぬるい", "熱い"];
```

といった値に変えれば、テンプレートを変更しなくても、選択肢が「冷たい」「ぬるい」「熱い」に変わります。

図 8-3-2　*ngForの動作

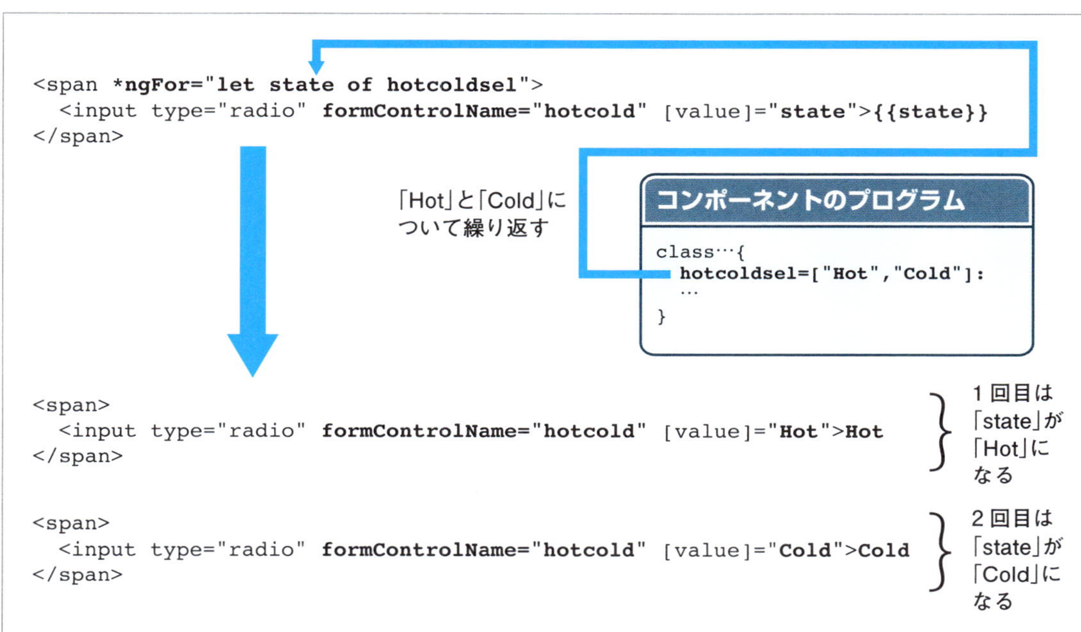

Section 8-4 チェックボックスを追加する

次にチェックボックスを追加します。チェックボックスはラジオボタンと比べると、処理が複雑です。その理由は、ラジオボタンは、どれかひとつしか選択しないのに対して、チェックボックスは複数選択する可能性があるからです。言い換えると、ラジオボタンは全部で1つのFormControlに結び付ければよいのですが、チェックボックスは選択された複数のFormControlに結び付けなければなりません。しかも選択されたものだけがFormControlに結び付けられるので、その数が可変です（**図8-4-1**）。

図 8-4-1　選択されたチェックボックスの数だけFormControlが必要になる

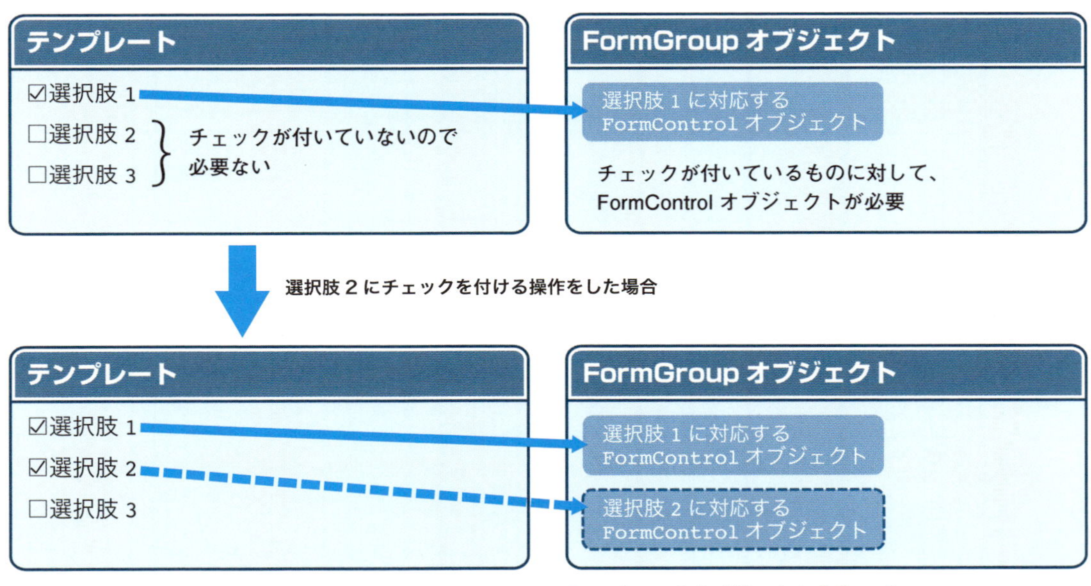

チェックボックスを実装する場合の考え方

チェックボックスをAngularで扱うには、いくつかの考え方がありますが、ここでは次のようにします。

❶ FormControlを空の配列として用意する

FormGroupに含まれるFormControlは、FormBuilderを使って空の配列として用意します。

❷ チェックの状態によって❶の配列を追加したり削除したりする

それぞれのチェックボックスに対して、チェックの状態が変わったときのイベントを設定することで、状態が変わったときに指定した処理が実行されるようにします。

その処理のなかでは、「チェックされている」か「チェックされていない」かを調べ、チェックされているときは、その値を❶の配列に追加します。チェックされていないときは❶の配列から除去します。

このようにすることで、チェックの状態をFormGroupの管理下の配列に反映される仕組みで実装します（**図8-4-2**）。

図 8-4-2　チェックボックスを扱う仕組み

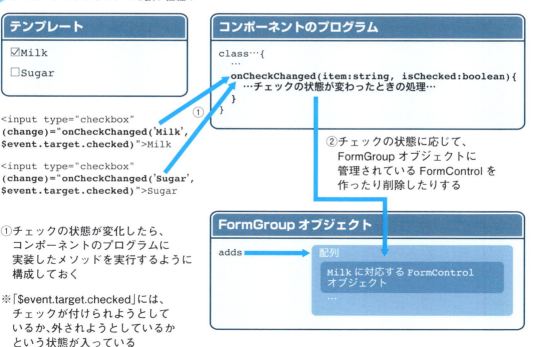

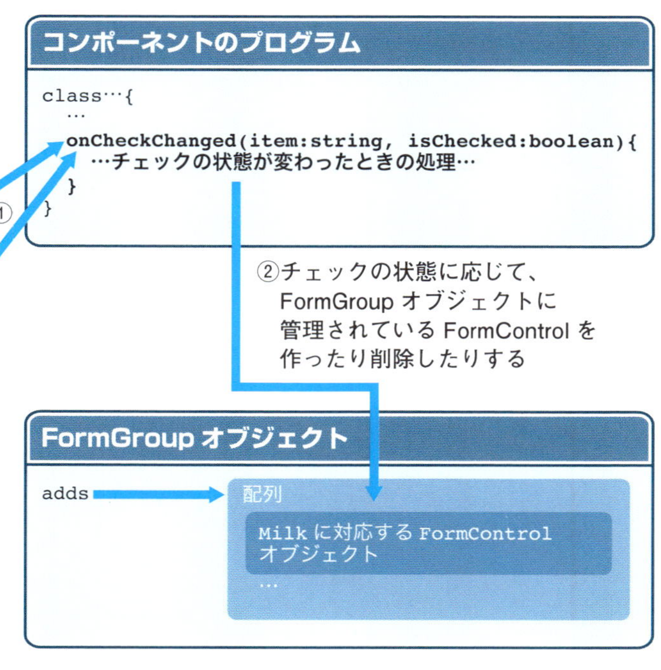

テンプレート
☑Milk
☐Sugar
<input type="checkbox"
(change)="onCheckChanged('Milk',
$event.target.checked)">Milk
<input type="checkbox"
(change)="onCheckChanged('Sugar',
$event.target.checked)">Sugar
①チェックの状態が変化したら、コンポーネントのプログラムに実装したメソッドを実行するように構成しておく
※「$event.target.checked」には、チェックが付けられようとしているか、外されようとしているかという状態が入っている
コンポーネントのプログラム
class…{
…
onCheckChanged(item:string, isChecked:boolean){
…チェックの状態が変わったときの処理…
}
}
①
②チェックの状態に応じて、FormGroup オブジェクトに管理されている FormControl を作ったり削除したりする
FormGroup オブジェクト
adds
配列
Milk に対応する FormControl オブジェクト
…

チェックボックスを描画する

まずは、チェックボックスを描画する部分から作ります。描画は、ラジオボタンの処理と、ほぼ同じです。ここでは「Milk」と「Sugar」という2つのチェックボックスを作ります。

選択肢と空のFormControl配列を用意する

まずはTypeScript側のプログラムから修正します。TypeScript側のプログラムでは、次の2つの修正を加えます（**リスト8-4-1**）。

❶ 選択肢をプロパティとして用意する

まずはTypeScript側を修正して、選択肢をプロパティとして用意します。ここでは、addsselというプロパティ名で参照できるよう「Milk」と「Sugar」の2つの値をもつ配列として作ります。

```
addssel=["Milk","Sugar"];
```

❷ チェックボックスの状態を保存する空のFormControl配列を用意する

次にチェックボックスの状態を保存するFormControl配列を用意します。

すでに**図8-4-2**で説明したように、今回の処理では、チェックの状態が変わったときの処理で、FormControlオブジェクトを追加したり削除したりしていきます。そこで最初は、何も入っていない空のFormControlオブジェクトの配列を作ります。そのためには、FormBuilderを使って「fb.array([])」のように記述します。ここでは、addsという名前でテンプレートから参照できるようにしました。

```
adds: this.fb.array([])
```

リスト 8-4-1　チェックボックス用の選択肢をaddsselというプロパティ名で用意する (controls.component.ts)

```
…略…
export class ControlsComponent implements OnInit {
  coffeeForm:FormGroup;
  hotcoldsel=["Hot", "Cold"];
  addssel=["Milk","Sugar"];
  constructor(private fb: FormBuilder) {
    this.coffeeForm= this.fb.group({
      name: " ブレンド ",
      taste: " バランスのよい口当たり ",
```

```
      hotcold:this.hotcoldsel[0],
      adds: this.fb.array([])
    });
  }
…略…
```


ループで処理してチェックボックスを表示する

次にテンプレートを変更して、チェックボックスを表示するようにします。それには、ラジオボタンのときと同じように、*ngFor属性を使います（**リスト8-4-2**）。

選択肢の「Milk」と「Sugar」はaddsselプロパティで参照できるようにしたので、次のように*ngForで、addsselプロパティの値を参照するように、ループ処理します。

なおここでは、formControlName属性は指定していない点に注意してください。**図8-4-2**で説明したように、この実装ではFormGroupに直接結び付けるのではなく、チェック状態が変わったときに、その処理のなかでFormGroup配下のFormControlを操作するので、結び付けずに切り離しておきます。

```
<span *ngFor="let item of addssel">
    <input type="checkbox>{{item}}
</span>
```

リスト 8-4-2　チェックボックスを表示する（controls.component.html） 

```
<h2>コーヒー品目リスト作成</h2>
<form [formGroup] = "coffeeForm" novalidate>
…略…
  <div>
      <span *ngFor="let state of hotcoldsel">
          <input type="radio" formControlName="hotcold" ↵
[value]="state">{{state}}
      </span>
  </div>
  <div>
      <span *ngFor="let item of addssel">
          <input type="checkbox">{{item}}
      </span>
  </div>
</form>
<p>フォーム入力値：{{coffeeForm.value | json}}</p>
```

チェックの状態をFormControlに反映させる

この段階で実行してみると、「Milk」と「Sugar」のチェックボックスが表示されることがわかります。しかし、チェックの状態を変更しても、JSONデータのaddsの項目の値は変わりません（**図8-4-3**）。

以下、チェックボックスの状態が変化したときに、このaddsの項目の値が変わるようにしていきましょう。

図 8-4-3　チェックボックスが付いたがチェックを付けてもJSONデータは変わらない

コーヒー品目リスト作成

品名：ブレンド

テイスト：バランスのよい口当たり

◉Hot ○Cold

☐Milk ☐Sugar

フォーム入力値：{ "name": "ブレンド", "taste": "バランスのよい口当たり", "hotcold": "Hot", "adds": [] }

チェックの状態が変わったときにメソッドが実行されるようにする

チェックの状態が変わったときに処理を実行するため、チェックボックスの構成を変更して、状態が変わったときにメソッドが実行されるようにします。

この方法は、ボタンがクリックされたときに使った「(click)=メソッド名」の表記と似ていて、「**(change)=メソッド名**」という表記で、次のように記述します。

書式 changeメソッド

```
<input type="checkbox" (change)=" メソッド名 " …>
```

メソッドは、このあとTypeScript側に作りますが、ここではonCheckChangedという名前にします。onCheckChangedメソッドを実行するときには、「どの項目が選択されたのか」「これから設定されるチェックの状態」が必要になります。前者については、「Milk」や「Sugar」といった値を、後者については「$event.target.checked」という値で知ることができます。そうしたことを含めて、実際に修正したプログラムが**リスト8-4-3**です。次のようにしました。

```
<input type="checkbox" (change)="onCheckChanged(item, $event.target ↵
.checked)">{{item}}
```

ここで指定しているitemと$event.target.checkedは、onCheckChangedに渡す値（引数）で、その意味は**表8-4-1**に示す通りです。

リスト 8-4-3　チェックの状態が変わったときにonCheckChangedメソッドを実行するように構成する（controls.component.html）

```
…略…
<span *ngFor="let item of addssel">
  <input type="checkbox" (change)="onCheckChanged(item, $event.target.checked)">{{item}}
</span>
…略…
```

表 8-4-1　onCheckChngedに渡す値（引数）

渡す値（引数）	意味
item	現在ループのなかで与えられている値。この例ではMilkかSugarのどちらか
$event.target.checked	$eventはクリックイベントで、targetはクリック対象——ここではチェックボックスを示す。checkedは、チェックがこれからオンになるのかオフになるのかを示す値

チェックの状態が変わったときにFormControlオブジェクトとして設定する

次に、チェックの状態が変わったときに実行されるように設定したonCheckChangedメソッドを、TypeScriptのプログラムとして実装します。**リスト8-4-4**のように修正してください。

リスト 8-4-4　onChangedメソッドの実装（controls.component.ts）

```
import { Component, OnInit } from '@angular/core';
import { FormControl, FormGroup, FormBuilder } from '@angular/forms';
import { FormArray } from '@angular/forms/src/model';

…略…
export class ControlsComponent implements OnInit {
  …略…
  ngOnInit() {
  }

  onCheckChanged(item:string, isChecked:boolean){
    let formArray = <FormArray>this.coffeeForm.controls.
```

```
   adds;
13      if(isChecked){
14        formArray.push(new FormControl(item));
15      }else{
16        let index = formArray.controls.findIndex(elm => elm.↵
   value == item)
17        formArray.removeAt(index);
18      }
19    }
20
21  }
```

onCheckChangedメソッドは次のように定義しています。ここで渡されるitemとisCheckedは、それぞれテンプレート側で指定したitemと$event.target.checkedに相当するものです。すなわちitemには「Milk」や「Sugar」、isCheckedには「チェックが付けられるかどうかの状態」が設定されます。

```
onCheckChanged(item:string, isChecked:boolean) {
  …処理…
}
```

まずは、現在のFormGroup配下のaddsの状態を取得します。これはFormArrayオブジェクトの配列として参照できます。

```
let formArray = <FormArray>this.coffeeForm.controls.adds;
```

なお、FormArrayを利用するにはインポートが必要なので、3行目でそのインポートの設定をしています。

```
import { FormArray } from '@angular/forms/src/model';
```

チェックが付いているときには、このFormArrayにFormControlオブジェクトを追加し、チェックが付けられていないときは、FormArrayからFormControlオブジェクトを除外します。そのための処理が次のプログラムに相当します。

```
if(isChecked){
  formArray.push(new FormControl(item)); ―――――――― ❶
}else{
  let index = formArray.controls.findIndex(elm => elm.value == item)
  formArray.removeAt(index); ―――――――――――――――― ❷
}
```

チェックが付いているときは❶の処理が実行されます。これはFormControlオブジェクトを追加する処理です。FormControlオブジェクトを作って、pushメソッドを使って追加します。

チェックが付いていないときは、❷の処理が実行されます。これは、FormControlオブジェクトを除外する処理です。除外するときは、「先頭から何番目のものを除外するのか」という指定をします。そこでまずは、何番目に該当するFormControlオブジェクトが格納されているのかを取得します。それにはfindIndexメソッドを使って、次のようにします。

```
let index = formArray.controls.findIndex(elm => elm.value == item)
```

「elm => elm.value == item」というのは、文脈的に「elm」と「elm.value==item」に分けられるもので、前者の「elm」がこの配列に含まれているオブジェクトをelmで受け取る、そして後者の「elm.value==item」が「elm.valueがitemと等しいものを探す」という意味です。

この配列のそれぞれの要素はFormControlオブジェクトを指しているので、取り出しているelmに相当するのはFormControlオブジェクトです。そのvalueプロパティなので、「いま設定されている値」という意味になります。

このようにfindIndexメソッドを実行すると、それが何番目の項目かがわかるので、removeAtメソッドを実行して、その項番のFormControlオブジェクトを削除します。

```
formArray.removeAt(index);
```

少し複雑ですが、これでチェックボックスの処理は完了です。チェックを付けたり外したりすると、JSONデータのaddsの項目の値が連動して変わるのがわかります（**図8-4-4**）。

図 8-4-4 チェックボックスの状態でJSONデータのaddsの項目が変わるようになった

▲チェックされていないときは空

▲Milkをチェックしたとき

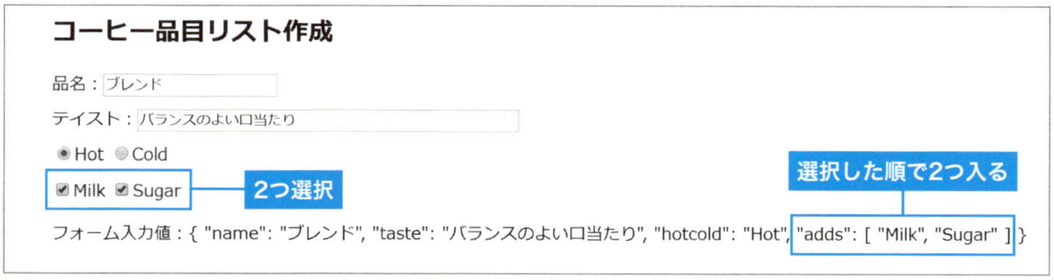

▲さらにSugarもチェックしたとき

Section 8-5 ドロップダウンリストを追加する

最後にドロップダウンリストを作っていきましょう。ドロップタウンリストは、ひとつしか選択できないので、ラジオボタンとほぼ同じように実装できます。

選択肢とFormControlを用意する

まずは選択肢とFormControlを用意します。

選択肢はnutselというプロパティ名とし、「ピーナッツ」「アーモンド」「くるみ」のいずれかから選べるようにするものとします。そして入力された値は、nutという名前のFormControlに保存することにします。そのためには、**リスト8-5-1**のように修正します。修正したのは太字の部分です。仕組みはラジオボタンと同じです。

リスト 8-5-1 ドロップダウンリスト用の選択肢はFormControlを用意する (controls.component.ts)

```
…略…
export class ControlsComponent implements OnInit {
  coffeeForm:FormGroup;
  hotcoldsel=["Hot", "Cold"];
  addssel=["Milk","Sugar"];
  nutsel=["ピーナッツ", "アーモンド", "くるみ"];
  constructor(private fb: FormBuilder) {
    this.coffeeForm= this.fb.group({
      name: "ブレンド",
      taste: "バランスのよい口当たり",
      hotcold:this.hotcoldsel[0],
      adds: this.fb.array([]),
      nut:this.nutsel[0]
    });
  }
…略…
```

ドロップダウンリストとして表示する

次にドロップダウンリストとして表示するようにテンプレートを修正します。ドロップダウンリストは、<select>と<option>で構成します。次のHTMLがドロップダウンリストを構成するための基本的なパターンです。

```
<select formControlName=" 結び付ける名前 ">
  <option value=" 値 "> 表示する値 </option>
  …
</select>
```

このHTMLを*ngFor構文を使って、先ほど用意した選択肢のnutselプロパティ――「ピーナッツ」「アーモンド」「くるみ」が設定された配列――の数だけ繰り返します。そのためには、**リスト8-5-2**のように修正します。

リスト8-5-2では、select要素をnutという名前のFormControlオブジェクトに結び付けています。

```
<select formControlName="nut">
```

そして選択肢となるoption要素は、*ngForを使ってnutselプロパティから参照できる選択肢の数だけ繰り返すようにしています。こうすることで、「ピーナッツ」「アーモンド」「くるみ」の計3つのoption要素が作られます。

```
<option *ngFor="let nut of nutsel" [value]="nut">{{nut}}</option>
```

つまり次のように展開されます。

```
<option value=" ピーナッツ "> ピーナッツ </option>
<option value=" アーモンド "> アーモンド </option>
<option value=" くるみ "> くるみ </option>
```

以上でプログラムは完成です。ブラウザで実行してみると、ドロップダウンリストが追加され、選択すると、JSONデータのnutの値が変化することがわかります（**図8-5-1**）。

図 8-5-1　ドロップダウンリストが付いた

コーヒー品目リスト作成

品名：ブレンド

テイスト：バランスのよい口当たり

Hot　Cold

Milk　Sugar

おつまみ：くるみ

フォーム入力値：{ "name": "ブレンド", "taste": "バランスのよい口当たり", "hotcold": "Hot", "adds": [], "nut": "くるみ" }

リスト 8-5-2　ドロップダウンリストを追加する（controls.component.html） 

```
…略…
  <div>
      <span *ngFor="let item of addssel">
         <input type="checkbox" (change)="onCheckChanged(item, $event.target.checked)">{{item}}
      </span>
  </div>
  <div>
       <label>おつまみ：
         <select formControlName="nut">
           <option *ngFor="let nut of nutsel" [value]="nut">{{nut}}</option>
         </select>
       </label>
  </div>
…略…
```

Chapter8のまとめ

この章では、各種入力コントロールとFormBuilderを使って、FormGroupやFormControlを構成する方法を説明しました。

❶ 各種入力コントロール

テキストボックスと同じようにformControlNameで、FormControlと結び付けます。

❷ FormBuilder

FormBuilderを使うと、FormGroupやFormControlの作成が簡単になります。

```
formGroup プロパティ名 :FormGroup
constructor(private fb: FormBuilder) {
  this. formGroup プロパティ名 = this.fb.group({
    名前 : 初期値 ,
    名前 : 初期値 ,
      …
    });
  }
```

❸ *ngFor

*ngFor属性を使うと、繰り返し処理ができます。テンプレートで次のように記述すると、配列の中身が展開され、その要素数だけ繰り返して出力されます。

```
< 要素名 *ngFor="let 変数名 of 配列などの値 " …>
```

❹ チェックボックス

チェックボックスの処理だけは、値が配列になるので、処理が少し特殊です。

チェックボックスの状態が変わったときにプログラムを実行したいときは、「(change)=メソッド名」という表記を使います。

```
<input type="checkbox" (change)=" メソッド名 " …>
```

チェックの状態が変わったときには、その状態によって、FormGroupで管理しているFormControlオブジェクトを追加したり、削除したりすることで、どの選択肢が選択されているのかを設定するようにプログラミングします。

次章では、画面を切り替えたり、ページを遷移する方法を説明します。

ページの割り当てと遷移

前章までで、「テンプレート駆動版の足し算」「リアクティブ版の足し算」「FormBuilderを使ったコーヒー登録」を作ってきました。しかしこれは、トップとなるページのテンプレートを書き換えることで、どれを表示するかを決めたもので、ユーザーがこれらを切り替えて利用することはできませんでした。

この章では、URLのパスにコンポーネントを割り当てたり、ページ遷移する仕組みを作ったりすることで、リンクをクリックすることでページを切り替えられる仕組みを作ります。

Section 9-1

ルーティングによるパスの関連付け

これまで、simpleformというプロジェクトに、「テンプレート駆動版の足し算」「リアクティブ版の足し算」「FormBuilderを使ったコーヒー登録」という3つのコンポーネントを作りました。これらのうち、どのコンポーネントを表示するのかは、app.component.htmlで切り替えていました。たとえば次のようにすると、「controlsという名前のコンポーネント（これはChapter8で作成したコーヒー登録コンポーネントです）」を表示するというように切り替えていました。

```
<app-controls></app-controls>
```

URLとコンポーネントの関連付け

多くのWebアプリケーションでは、「/foo.html」というパスだと「foo.html」が、「/bar.html」というパスだと「bar.html」が——というように、URLのパスによってどのページを表示するのかを切り替えることができますが、Angularにもそれに似た機能があります。

ただしこの設定はデフォルトで設定されるものではありません。たとえば「/controls」というパスでアクセスしたときに、「app-controls」に相当するコンポーネントが自動的に表示されるような機能はなく、開発者が明示的に設定する必要があります。

URLと表示するコンポーネントを関連付ける方法を「ルーティング（ルートはroute。道筋の意味）」と言います。

この章では、**表9-1-1**のようにURLとコンポーネントを割り当てることにします。

表 9-1-1　URLとコンポーネントとの割り当て

URL	コンポーネント名	概要
/simple-form	SimpleFormComponent	テンプレート駆動版の足し算
/better-form	BetterFormComponent	リアクティブ版の足し算
/controls	ControlsComponent	FormBuilderを使ったコーヒー登録

このSectionではまず、**図9-1-1**に示す簡単なタブ式のメニューページを作ります。それぞれのリンクをクリックすると、ページの下の部分が「テンプレート駆動版の足し算」

「リアクティブ版の足し算」「FormBuilderを使ったコーヒー登録」のコンポーネントに切り替わる仕組みを作ります。

図 9-1-1　簡単なメニューを作る

Simple Form | Better Form | Controls
+ CALC
足し算しましょう

画面上部に切り替えのリンクを表示して
クリックすると画面が切り替わるようにする

Simple Form | Better Form | Controls

コーヒー品目リスト作成

品名：ブレンド
テイスト：バランスのよい口当たり
Hot Cold
Milk Sugar
おつまみ：ピーナッツ

フォーム入力値：{ "name": "ブレンド", "taste": "バランスのよい口当たり", "hotcold": "Hot", "adds": [], "nut": "ピーナッツ" }

新規モジュールの作成

表9-1-1のようなURLとコンポーネントの関連付けをしたり、**図9-1-1**のようなリンクを作ったりするには、RouterModuleというモジュールを使ってプログラミングします。

まずは、新規モジュールを作成しましょう。RouterModuleを用いる場合、慣例的にAppRoutingModuleという名前のモジュールを定義します。ファイル名で言うと「app-routing.module.ts」です。

プロジェクトフォルダ「simpleform」をカレントフォルダにし、Angular CLIを用いて、次のように入力してください。

MEMO

「module」は「m」と省略することもできます。

```
ng g module app-routing --flat --module=app
```

上記では、「--flat」と「--module=app」という2つのオプションを付けています。その意味は**表9-1-2**の通りです。

表 9-1-2　指定したオプションの意味

オプション	意味
--flat	モジュール名のフォルダ（この場合はapp-routing）を作らず、app/srcフォルダの直下にファイルを作成する
--module=app	すでに存在するモジュールAppModuleと関連付ける。このオプションを指定すると、AppModuleを定義しているapp.module.tsファイルに、作成したクラスを読み込むための設定が追加される

「--flat」オプションを付けているので、このコマンドを実行すると、ファイル「app-routing.module.ts」が「src/app」フォルダの直下に作成されます（**図9-1-2**）。

また「--module=app」オプションを指定しているので、app.module.tsファイルに、作成したapp-routing.module.tsを読み込むためのコードが追記されます。app.module.tsファイルを開いて確認しておきましょう（**図9-1-3**）。

図 9-1-2　作成されたapp-routing-module.ts

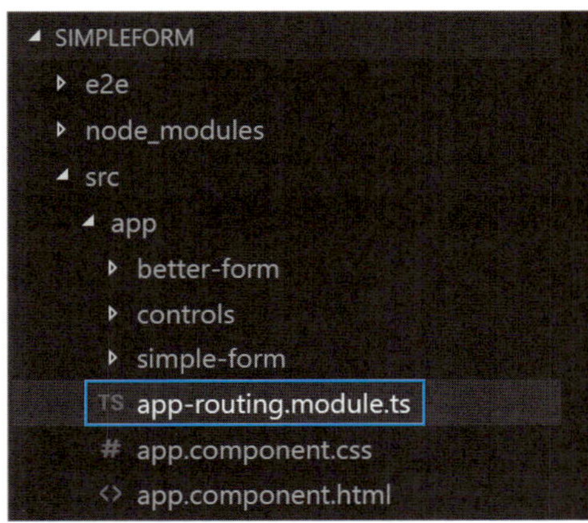

図 9-1-3　app.module.tsファイルに app-routing.module.tsファイルを読み込むコードが追記された

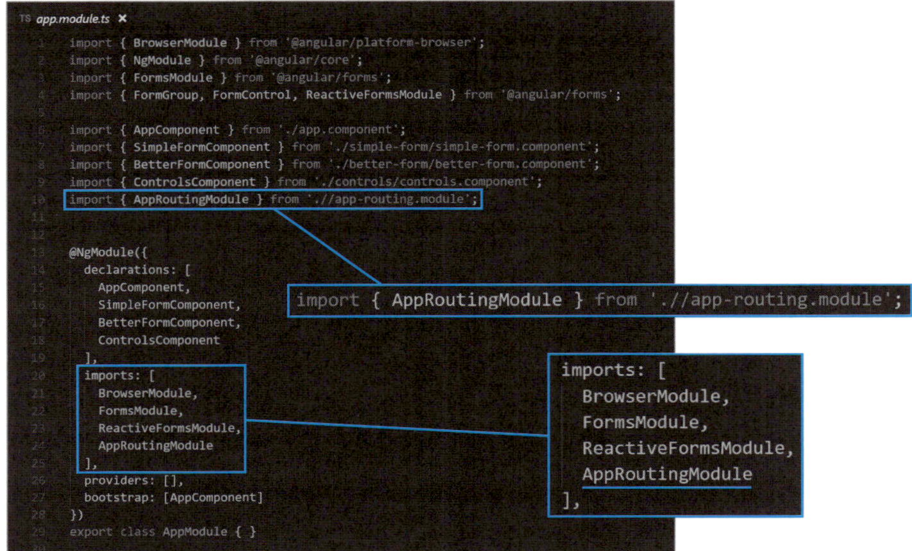

RoutingModuleを構成する

それでは作成されたapp-routing.module.tsファイルを修正して、RoutingModuleを使うように構成していきます。

作成されたapp-routing.module.tsファイルを、**リスト9-1-1**のように修正してください。太字の部分が修正した箇所です。

リスト 9-1-1　RoutingModuleを使うように構成したapp-routing.module.tsファイル

```
import { NgModule } from '@angular/core';
import { CommonModule } from '@angular/common';

import { RouterModule, Routes} from '@angular/router';
import { SimpleFormComponent } from './simple-form/simple-form.component';
import { BetterFormComponent } from './better-form/better-form.component';
import { ControlsComponent } from './controls/controls.component';

@NgModule({
  imports: [
    CommonModule,
    RouterModule.forRoot([
      {path:'simple-form', component:SimpleFormComponent},
      {path:'better-form', component:BetterFormComponent},
      {path:'controls', component:ControlsComponent}
    ]
    )
  ],
  exports:[
    RouterModule
  ],
  declarations: []
})
export class AppRoutingModule { }
```

❶ RoutingModuleのインポート

まずはRoutingModuleモジュールをインポートします。このモジュールは「@angular/router」にあるので、次のようにしてインポートします。

```
import { RouterModule, Routes} from '@angular/router';
```

❷ URLパスとコンポーネントの関連付けの定義

次に、URLパスとモジュールの関連付けを定義します。まずは、利用したいコンポーネントをインポートして参照できるようにします（4行目）。

```
import { SimpleFormComponent } from './simple-form/simple-form.↵
component';
import { BetterFormComponent } from './better-form/better-form.↵
component';
import { ControlsComponent } from './controls/controls.component';
```

URLパスとモジュールを関連付けるには、RouterModuleのforRootメソッドを使います。forRootメソッドは、URLパスのルート（「/」）に関連付けるものです。関連付けは配列として構成し、「path」にURLパスを、「component」に関連付けるコンポーネントを設定します。

12行目は「/simple-form」というURLパスを「SimpleForComponent」、「/better-form」というURLパスを「BetterFormComponent」、「/controls」というURLパスを「ControlsComponent」というコンポーネントに、それぞれ対応させるという意味です。

```
RouterModule.forRoot([
  {path:'simple-form', component:SimpleFormComponent},
  {path:'better-form', component:BetterFormComponent},
  {path:'controls', component:ControlsComponent}
  ]
)
```

❸ エクスポートする

この設定をAppModuleから利用できるように、エクスポートします（19行目）。

```
exports:[
  RouterModule
]
```

コンポーネントを切り替えるリンクや表示場所を定義する

以上でTypeScriptのプログラムは完了です。次にテンプレートを変更して、**図9-1-1**に示したリンクやコンポーネントの表示領域を定義します。

アプリケーションのトップページのテンプレートは、app.component.htmlファイルです。そこで、このファイルを**リスト9-1-2**のように修正します。

リスト 9-1-2 リンクやコンポーネントの表示領域を定義する（app.component.html）

```
<nav>
  <a routerLink="./simple-form">Simple Form</a> |
  <a routerLink="./better-form">Better Form</a> |
  <a routerLink="./controls">Controls</a>
</nav>
<div><router-outlet></router-outlet></div>
```

❶ リンクの構成

RouterModuleで定義したリンクを定義するには、「**routerLink属性**」で指定します。たとえば、次のようにします。

```
<a routerLink="./simple-form">Simple Form</a> |
```

ここで定義している「simple-form」は、先ほどRouterModuleで定義した、次のpathに相当するものです。

```
{path:'simple-form', component:SimpleFormComponent},
```

そのため、このリンクがクリックされると、SimpleFormComponentを表示するという動作になります。

❷ コンポーネントを表示する場所の定義

コンポーネントを表示する場所は、あらかじめ<router-outlet></router-outlet>」という領域で確保しておかなければなりません。ここでは、下記のように定義しました。リンクをクリックしてコンポーネントを切り替えたときは、この場所に表示されます。

```
<div><router-outlet></router-outlet></div>
```

以上で修正は完了です。ブラウザで確認すると、**図9-1-4**のように上部にリンクが表示され、そのリンクをクリックすると、表示されるコンポーネントが切り替わることがわかります。

ここで確認したいのが、クリックしたときのURLです。ブラウザの「アドレス」の欄を見るとわかりますが、クリックしたときにURLが変わります。リンクをクリックしなくても、このリンクを直接入力しても、該当のページが表示されます。すなわち開発環境であるなら、「http://localhost:4200/simple-form」というURLを入力すれば、Simple-

Formコンポーネントの画面が表示されます。

図 9-1-4　ページ遷移するとリンクも変わる

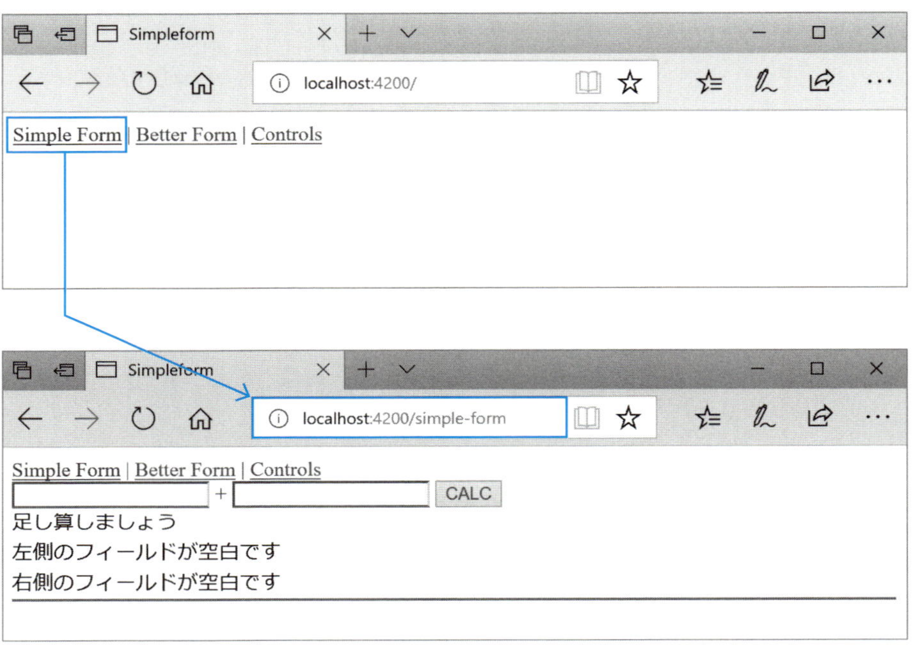

Section 9-2

タブらしい表示にする

このままだと画面がシンプル過ぎて、切り替えていることがわかりにくいので、上部のリンクをタブらしく表示してみましょう。具体的には**図9-2-1**のようにします。

このように修正するには、CSSでスタイルを定義します。**図9-2-1**では、タブ切り替えのツメの部分が、現在選択されているところだけ別の色になっている点に着目してください。

図 9-2-1　タブらしく表示する

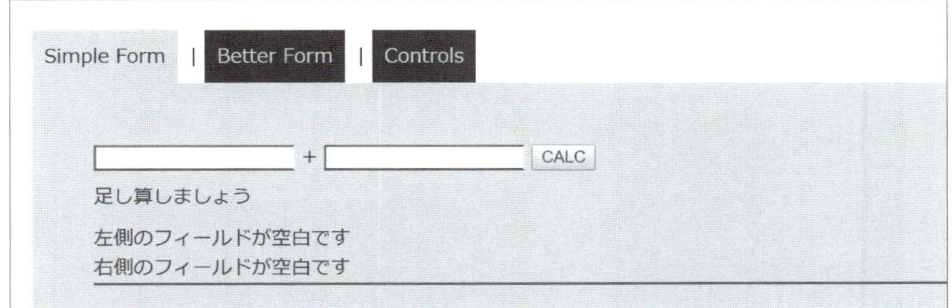

CSSを定義する

こうしたデザインはCSSとして実装します。

CSSは「アプリケーション全体の設定」と「コンポーネントごとの設定」があります。前者はsrcフォルダ直下のstyle.cssです。後者は、それぞれのコンポーネントに付随している「コンポーネント名.css」です。**図9-2-1**の画面は、app.component.htmlですから、それに相当するCSSは「app.component.css」です。

全体のCSSでマージンなど共通項目を定める

まずは全体のCSSから決めていきましょう。srcフォルダ直下のstyles.cssファイルを開き、**リスト9-2-1**のように修正してください。

この設定では、margin-topやmargin-leftを指定しています。それぞれ上マージン、下マージンです。この設定によって、全体に少し余白ができます。

リスト 9-2-1　全体のCSS（styles.css）

```
body{
    margin-top:50px;
    margin-left: 50px;
}

div{
    margin-top:10px;
}
```

タブの表示スタイルをカスタマイズする

次に、タブの表示スタイルをカスタマイズします。**図9-2-1**に示したように、次のようにスタイルを設定します。

- **背景をカーキ色に**
- **タブの色を深緑に。ただし選択されているタブはカーキ色に**
- **その他、リンクには下線を引かないなど見やすくする**

こうした設定をするため、まずはapp.component.cssファイルを開き、**リスト9-2-2**のように修正してください。

リスト 9-2-2　タブの色や背景色、リンクの下線などを設定する（app.component.cssファイル）

```
a {
    padding:10px;
    margin-right:4px;
    background-color:darkolivegreen;
    color: khaki;
    text-decoration: none;
}

a:link, a:visited, a:hover {
    color:khaki;
}

a.selected-item{
    color:darkolivegreen;
    background-color: khaki;
}

div {
    padding:50px;
    background-color: khaki;
    color:darkolivegreen;
}
```

このCSSでは、次の4つの設定をしています。

❶ a要素の全体的な設定

a要素に対する設定です。タブの部分に相当します。文字サイズやマージンを調整し、背景色を深緑（background-color:darkolivegreen）、文字色をカーキ色（color: khaki）にし、また下線を引かない（text-decoration: none）ように設定しています。

❷ 訪れたときのリンクの文字色

訪れたときのリンクの文字色をカーキ色（color: khaki）に設定しています。もしこの設定がないと、一度クリックするとその文字が（ブラウザの種類やユーザーの設定にもよりますが）紫色の文字で表示されてしまいます。

❸ selected-itemクラスが設定されているときのa要素の設定

selected-itemクラスが設定されているときは、文字色を深緑（color:darkolivegreen）、背景をカーキ色（background-color: khaki）にするようにしました。

❹ div要素のマージンや背景色や文字色

マージンを設定し（padding:50px）、背景色を深緑（background-color: khaki）、文字色を（color:darkolivegreen）に設定しています。

この設定でポイントになるのが、上記の❸です。❸ではselected-itemというクラスが設定されたときに、文字色を深緑、背景をカーキ色にしています。言い換えるとこれは、

```
<a href="…" class="selected-item">…</a>
```

というリンクに限って、文字色を深緑、背景色をカーキ色にするということです。つまりプログラムから、「選択中のタブ」に対して、この「class=selected-item」を出力するようにすれば、選択されているタブだけは、色が変わるようになります。

リンクが選択中のときにクラスを出力するように構成する

選択中のリンクの場合に、「class=selected-item」と出力するには、リンクにrouterLinkActiveという属性を指定します。具体的には、app.component.htmlのリンクを**リスト9-2-3**のように修正します。

次のように「routerLinkActive="selected-item"」と記せば、選択されたときに「class="selected-item"」という出力がされ、先に定義した❸のCSSが適用され、その部

分だけタブの色が変わるようになります。

```
<a routerLink="./simple-form" routerLinkActive = "selected-item">Simple Form</a>
```

リスト 9-2-3　選択されているときに「class=selected-item」を出力する(app.component.html)

```
<nav>
  <a routerLink="./simple-form" routerLinkActive = "selected-item">Simple Form</a> |
  <a routerLink="./better-form" routerLinkActive = "selected-item">Better Form</a> |
  <a routerLink="./controls" routerLinkActive = "selected-item">Controls</a>
</nav>
<div><router-outlet></router-outlet></div>
```

COLUMN

ループでリンクを構成する

本文中では、リンクをテンプレート側に直接記述しています。

```
<a routerLink="./simple-form" routerLinkActive = "selected-item">Simple Form</a> |
<a routerLink="./better-form" routerLinkActive = "selected-item">Better Form</a> |
<a routerLink="./controls" routerLinkActive = "selected-item">Controls</a>
```

しかしリンク数が増えると、この方法は記述が大変です。そのようなときには、TypeScriptのプログラムでリンクを配列として定義し、テンプレートでは*ngForを使って展開するようにするとよいでしょう。

たとえば、app-component.tsファイルを**リスト9-2-A**のように修正します。このプログラムでは、pathsというプロパティに配列してリンクを構成しました。

テンプレート側では、このpathsプロパティを参照して*ngForでループ処理するように構成します。

リスト9-2-Aでは、**リスト9-2-B**のpathsプロパティの各要素をpathとして、「path.pathname」でその属性pathの値を読み出しています。「path.title」についても同様です。

重要なのは属性「routerLink」を角括弧で囲むことです。"path.pathname"が文字列ではなく、変数を表しているからです。要素のなかで変数を用いるときは、属性を角括弧で囲み、変数は文字列に入れます。

一方、テキストとして出力するときは、二重の波括弧で囲みます。

```
<a *ngFor = "let path of paths"
    routerLinkActive = "selected-item" [routerLink]="path.pathname" >{{path.title}}
</a>
```

リスト 9-2-A リンク先を配列として定義したもの (app.component.tsファイル)

```
import { Component } from '@angular/core';

@Component({
  selector: 'app-root',
  templateUrl: './app.component.html',
  styleUrls: ['./app.component.css']
})
export class AppComponent {
  title = 'my page';
  paths = [
     {pathname:"./simple-form", title:"Simple Form"},
     {pathname:"./better-form", title:"Better Form"},
     {pathname:"./controls", title:"Controls"}
   ];
}
```

リスト 9-2-B *ngForでループ処理することでリンクを構成するようにしたもの (app.component.html)

```
<nav>
  <a *ngFor = "let path of paths"
    routerLinkActive = "selected-item" [routerLink]="path.pathname" >{{path.title}}
  </a>
</nav>
<div><router-outlet></router-outlet></div>
```

Section 9-3 ドキュメントルートをリダイレクトする

実際に試してみるとわかりますが、実行直後——すなわち「http://localhost:4200/」のように「/」にアクセスしたとき——は、まだどのタブもクリックされていないので、どのコンポーネントも表示されず、空になります（**図9-3-1**）。

図 9-3-1 「/」にアクセスしたときは表示が空になる

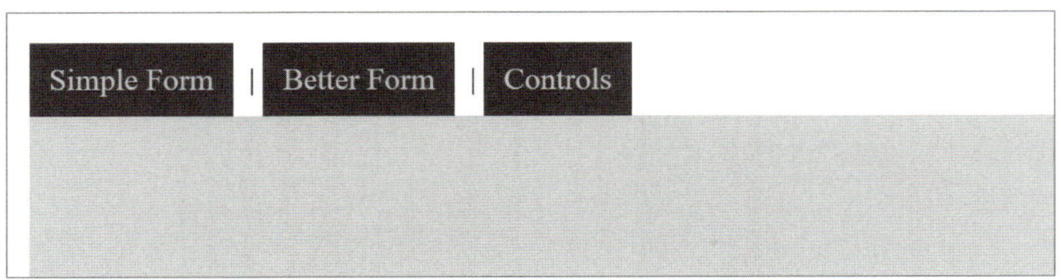

「/」のことを「**ドキュメントルート**」と呼びますが、このコンポーネントが何も表示されない状態は、ユーザーにとってわかりにくいので、「/」がアクセスされたときは、先頭の「SimpleForm」のタブが選択された状態にしたいと思います。

そのためには、ドキュメントルートが参照されたときに、「SimpleForm」を表示するように構成します。具体的には、RoutoingModuleで設定しているURLとコンポーネントの関連付けで、「/」にアクセスされたら「SimpleForm」のパスに相当する「/simple-form」にリダイレクトするように構成します。そのプログラムは**リスト9-3-1**のようになります。追加したのは、次の行です。

```
{path: '', redirectTo: '/simple-form', pathMatch: 'full'}
```

この設定は、ドキュメントルート（path: ''）に完全に合致したとき（pathMatch : 'full'）に、simple-formにリダイレクトする（redirectTo:'/simple-form'）というものです。この設定により、「http://localhost:4200/」にアクセスしたときは、「http://localhost:4200/simeple-form」にリダイレクトします。その結果、SimpleFormが表示されるようになります（**図9-3-2**）。

リスト 9-3-1　ドキュメントルートをリダイレクトするように構成する (app-routing.module.ts)

```
…略…
@NgModule({
  imports: [
    CommonModule,
    RouterModule.forRoot([
      {path:'', redirectTo: '/simple-form', pathMatch: 'full'},
      {path:'simple-form', component:SimpleFormComponent},
      {path:'better-form', component:BetterFormComponent},
      {path:'controls', component:ControlsComponent}
    ]
    )
  ],
…略…
```

図 9-3-2　リダイレクトしたところ

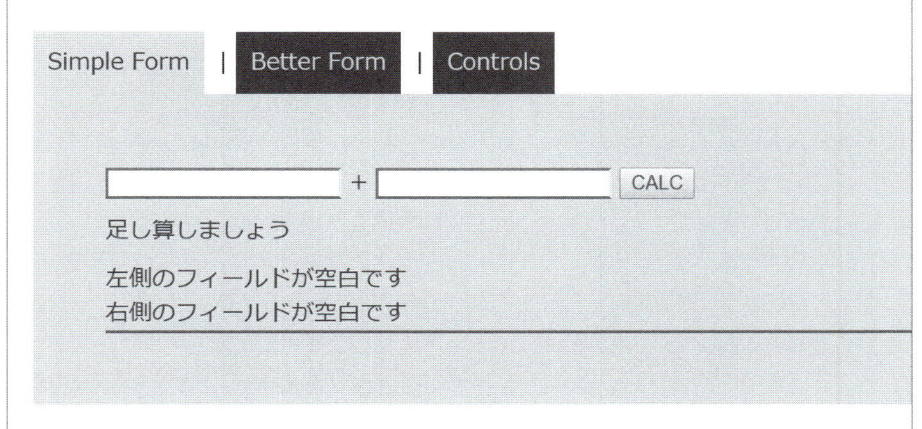

Section 9-4

マスター／ディテイルアプリを構成する

画面遷移では、「一覧をクリックすると、その詳細情報が表示される」というように、「主たるデータのページ」から「その詳細ページ」に遷移する方式のものもあります。こうした構成をとるものを「マスター／ディテイルアプリ（master-detail application)」と言います。マスター／ディテイルアプリでは、「主たるページ」→「詳細ページ」の遷移はもちろんですが、詳細ページ側に［元に戻る］などのリンクを付けておき、そこから戻れるようにする、「詳細ページ」→「主たるページ」の遷移もできるようにすべきです。

このSectionで作るアプリケーション

マスター／ディテイルの構成をとるアプリをAngularで作る方法を説明します。ここで作るのは、主たるページ（マスター）が**図9-4-1**、詳細ページ（ディテイル）が**図9-4-2**の構成とします。

ここで想定しているのは、レシピ一覧メニューです。**図9-4-1**で「チキンライス」をクリックすると、**図9-4-2**のように「チキンライスのレシピ」が表示されるという動作とします。**図9-4-2**の下部には［リストに戻る］のボタンがあり、クリックすれば一覧ページである**図9-4-1**に戻ります。

さらに、**図9-4-1**から「チャーハン」をクリックすれば、**図9-4-3**のようにチャーハンのレシピページに移動します。

図 9-4-1　主たるページ（一覧ページ・マスター）

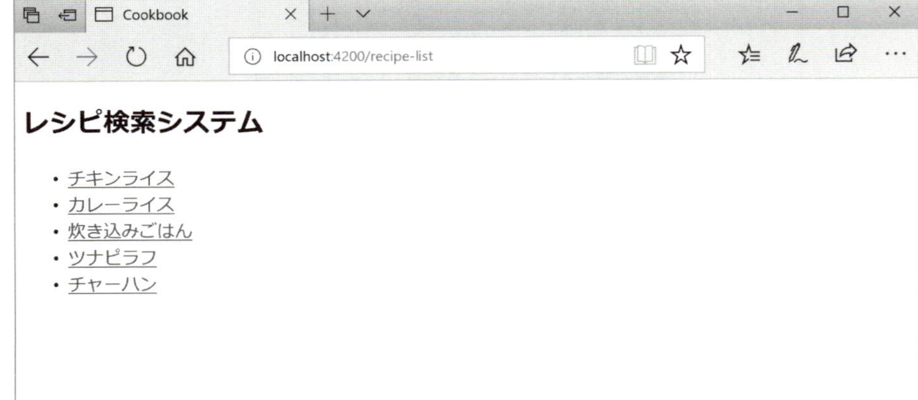

図 9-4-2　詳細ページ①（ディテイル）

図 9-4-3　詳細ページ②（ディテイル）

詳細ページのURLは連番で管理する

Angularでマスター／ディテイルアプリを構成する場合、詳細ページのURLには、どの詳細なのかを区別する値を付けます。ここでは連番を付けることにします。たとえば、**図9-4-2**は先頭の詳細ページなので「1」、**図9-4-3**は先頭から5番目のページなので「5」という具合です（**図9-4-4**）。

図 9-4-4　詳細ページのURL

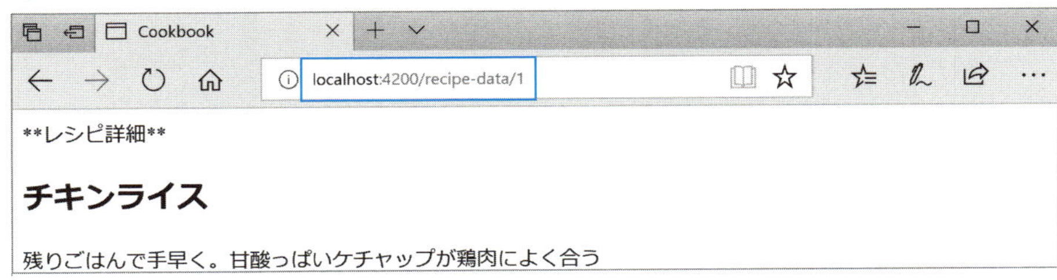

▲先頭の「チキンライス」のときのURLは「/1」

Cookbook
localhost:4200/recipe-data/5
レシピ詳細
チャーハン
簡単で味もアッサリ。醤油と長ネギで和風のおかずにも合います

▲先頭から5番目の「チャーハン」のときのURLは「/5」

新しいプロジェクトを作る

いままで作ってきたsimpleformプロジェクトは、たくさんのコンポーネントで複雑になってきてしまいましたし、そもそも表示の仕組みが違うので、simpleformプロジェクトに、このマスター／ディテイルの仕組みまで入れると複雑になりすぎてしまいます。

そこで、simpleformプロジェクトに追加するのではなく、新しいプロジェクトを作って、そこにマスター／ディテイルアプリを作っていきましょう。ここでは「cookbook」という名前のプロジェクトを新規に作成しましょう。

cookbookという名前のプロジェクトを作る

❶ 新しいプロジェクトを作る

これまで作業してきたプロジェクトフォルダ「simpleform」よりも一つ外側のフォルダ（本書では「angular_projects」という名称）上で、Windows PowerShellやコマンドプロンプトを開き、次のコマンドを実行してください。すると、cookbookというフォルダが作られ、そこにプロジェクトを構成するファイル一式が作成されます。

```
ng new cookbook
```

❷ 一覧ページ（マスターページ）に相当するコンポーネントを作成する

手順❶では、cookbookというディレクトリが作られるので、そのディレクトリに移動します。

```
cd cookbook
```

そして一覧ページ（マスターページ）に相当するコンポーネントを作成します。ここでは「RecipeListComponent」という名前にします。次のように入力してください。

```
ng g c recipe-list
```

❸ 詳細ページ（ディテイルページ）に相当するコンポーネントを作成する

同様にして、詳細ページとなるコンポーネントを作成します。ここでは「RecipeDataComponent」という名前にします。次のように入力してください。

```
ng g c recipe-data
```

❹ RoutingModuleを構成する

このアプリでもRoutingModuleを使ってページ遷移を管理したいので、追加します。次のように入力してください。

```
ng g module app-routing --flat --module=app
```

以上で、必要なソースコードの自動生成は終わりです。Visual Studio Codeを使って、作成した「cookbookプロジェクト」を開いてください。フォルダを開くには、Section 4-1で説明したように、[ファイル] メニューから「フォルダを開く」を選択して、cookbookフォルダを開きます。

cookbookフォルダを開くと、その配下のsrc/appフォルダは**図9-4-5**のようになっているはずです。「recipe-dataフォルダとその内容」「recipe-listフォルダとその内容」、およびファイル「app-routing.module.ts」の位置に注目してください。

図 9-4-5　cookbookプロジェクトを開いたところ

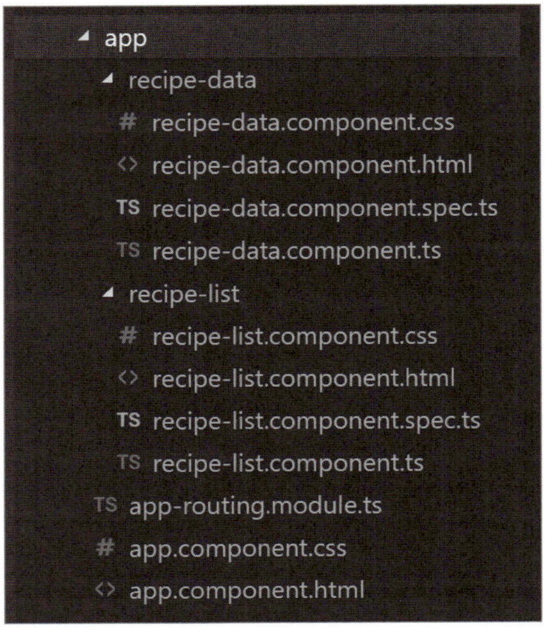

```
◢ app
  ◢ recipe-data
    # recipe-data.component.css
    <> recipe-data.component.html
    TS recipe-data.component.spec.ts
    TS recipe-data.component.ts
  ◢ recipe-list
    # recipe-list.component.css
    <> recipe-list.component.html
    TS recipe-list.component.spec.ts
    TS recipe-list.component.ts
  TS app-routing.module.ts
  # app.component.css
  <> app.component.html
```

ドキュメントルートを構成する

では、これらのプログラムを作成していきましょう。まずは「/」に相当するドキュメントルートから構成していきます。

全面にコンポーネントを表示する

このアプリケーションは、「主たるページ」と「詳細ページ」が切り替わる構造です。これまで説明してきたページ切り替えのようなタブはありません。そこで、アプリケーションのトップページとなるテンプレート（ドキュメントルート）であるapp.component.htmlを、**リスト9-4-1**のように「<router-outlet></router-outlet>」とだけ記述するように修正します（デフォルトでは、Welcomeメッセージを表示するHTMLが書かれていますが、それらをすべて消して、「<router-outlet></router-outlet>」とだけ記述します）。

すでに説明したように、「<router-outlet></router-outlet>」の部分にはコンポーネント（ここでは「主たるページ」と「詳細ページ」です）が、丸ごとここに差し込まれるようになります。

リスト 9-4-1 トップページのテンプレートで全面にコンポーネントを表示するように構成する（app.component.html） 

```
<router-outlet></router-outlet>
```

主たるページへのリダイレクトとURLパスのマッピング

さてこのアプリケーションでは、「主たるページ」と「詳細ページ」を扱いますが、一緒に説明するとわかりにくいので、以下ひとまず詳細ページはおいておき、「主たるページ」から説明します。

まずは、主たるページであるRecipeListComponentを表示できるようにURLパスを設定します。ここでは「/recipe-list」というURLパスを割り当てることにします。つまり「http://localhost:4200/recipe-list」で、主たるページにアクセスできるようにします。また、この主たるページは「http://localhost:4200/」でアクセスしたときに、デフォルトのページとして表示されるよう、リダイレクトを構成します。

こうした設定を、RoutingModuleを用いて構成します。app-routing.module.tsを**リスト9-4-2**のように修正してください。修正したのは太字の箇所です。

❶ **インポート**

RouterModuleとRecipeListComponentをインポートします。

```
import {RouterModule} from '@angular/router';
import {RecipeListComponent} from './recipe-list/recipe-list
.component';
```

❷ **リダイレクトとURLパスのマッピング設定**

URLパスとリダイレクトを設定します。まずは次のようにRouterModuleを使ってURLマッピングを定義します。1つめがドキュメントルートにアクセスしたときに「/recipe-list」にリダイレクトするための設定、その次が「/recipe-list」と「RecipeListComponent」とをマッピングする設定です。

```
RouterModule.forRoot([
  {path:"", redirectTo: '/recipe-list', pathMatch: 'full'},
  {path:"recipe-list", component:RecipeListComponent},
])
```

設定したRouterModuleをエクスポートします。

```
exports:[
  RouterModule
],
```

リスト 9-4-2 主たるページへのリダイレクトとURLパスのマッピングを設定する (app-routing.module.ts)

```
import { NgModule } from '@angular/core';
import { CommonModule } from '@angular/common';
import {RouterModule} from '@angular/router';
import {RecipeListComponent} from './recipe-list/recipe-list.component';

@NgModule({
  imports: [
    CommonModule,
    RouterModule.forRoot([
      {path:"", redirectTo: '/recipe-list', pathMatch: 'full'},
      {path:"recipe-list", component:RecipeListComponent},
    ])
  ],
  exports:[
    RouterModule
  ],
  declarations: []
})
export class AppRoutingModule { }
```

以上のように設定すると、ブラウザで開いたときに「/recipe-list」というURLにリダイレクトされ、RecipeListComponentの内容を見ることができます。作成直後は、RecipeListComponentのテンプレートであるrecipe-list.component.htmlファイルには「<p>recipe-list works!</p>」と書かれているので、その画面は**図9-4-6**のようになります。

図 9-4-6 RecipeListComponent（テンプレートはrecipe-list.component.html）が表示された

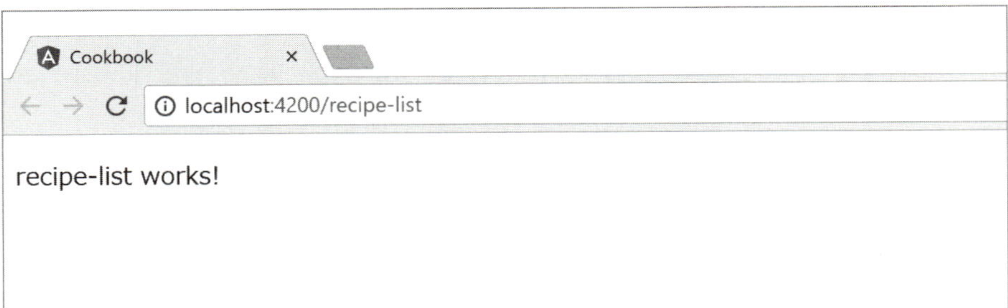

データ構造を作る

図9-4-1（→P.208）のようにレシピの一覧を作るには、レシピのデータが必要です。このデータは、詳細ページにも同様なものが必要となります。そこで、一覧ページ（主たるページ）からも詳細ページからもアクセスできるよう、レシピのデータは中立的な場所におきます（**図9-4-7**）。

図 9-4-7　一覧ページからも詳細ページからもアクセスできる場所にデータを置く

一覧ページのコンポーネントのプログラム(recipe-list.component.ts)

```
import {RECIPEDATA} from 'recipedata';
class… {
  …
}
```

詳細ページのコンポーネントのプログラム(recipe-data.component.ts)

```
import {RECIPEDATA} from 'recipedata';
class… {
  …
}
```

レシピデータ(recipedata.ts)

```
export const RECIPEDATA:Recipe[] = [
  {
    …レシピデータ…
  }];
```

別ファイルでレシピデータを定義しておき、
一覧と詳細のそれぞれで読み込んで利用する

こうしたデータは、データベースに置いたりファイルに保存したりするのがふつうですが、そうするとプログラムが複雑になるので、ここでは読み取り専用の簡易な形式で用意します。

以下、そのための概要を説明します。

データ構造を定義する

まずは、そのためのデータ構造をクラスとして用意します。レシピについてはさまざまな情報がありますが、ここでは、**表9-4-1**に示すデータを管理することにします。

表 9-4-1　レシピに関するデータ

項目名	意味
id	ID番号連番
name	名称
minute	所要時間（分）
feature	キャッチコピー

このデータを管理するため、**リスト9-4-3**に示すクラスを作ります。どのような名前でもよいのですが、ここではRecipeという名前にしました。プログラムを見るとわかるように、**表9-4-1**と同じデータ構造をプロパティとして備えるようにしただけです。プロパティにはこのようなデータを表現するクラスのことを「**データモデル**」と呼びます。

リスト 9-4-3 Recipeデータモデル

```
export class Recipe{
    id: number;
    name: string;
    minute: number;
    feature:string;
}
```

実際に、このようなファイルをVisual Studio Code上で作成しましょう。次のように操作してください。

データ構造を定義するファイルを作る

❶ recipeフォルダを作る

このファイルはどこに配置してもよいですが、recipeという名前のフォルダを作成して、そのなかに格納することにします。

［app］を右クリックして、［新しいフォルダー］を選択してください。するとフォルダの名前の入力を求められるので、「recipe」と入力してrecipeフォルダを作ります（**図9-4-8**）。

図 9-4-8 recipeフォルダを作る

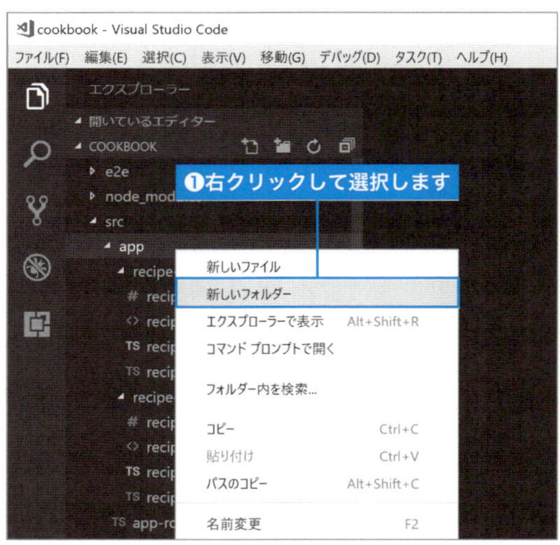

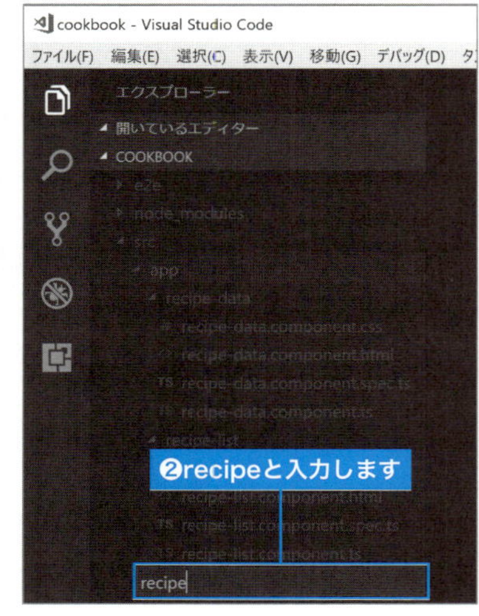

❷ recipe.tsファイルを作る

リスト9-4-3のファイルを作成します。ファイル名は何でもかまいませんが、ここではrecipe.tsという名前にします。

recipeフォルダを右クリックして［新しいファイル］を選択してください。するとファイル名を尋ねられるので「recipe.ts」と入力してください（**図9-4-9**）。そして作られたrecipe.tsファイルに、**リスト9-4-3**の内容を入力してください（**図9-4-10**）。

図 9-4-9　recipe.tsファイルを作る

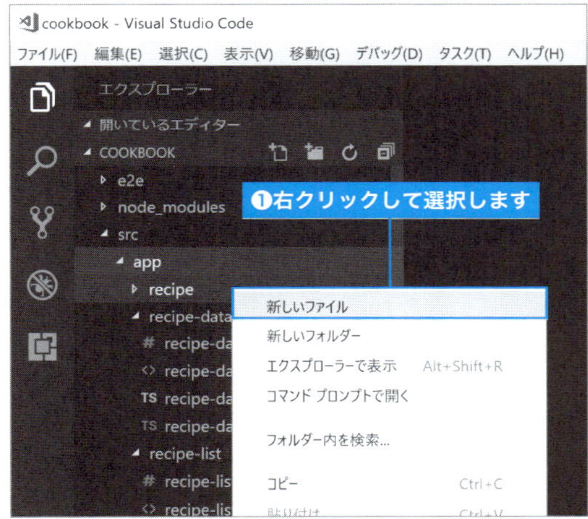

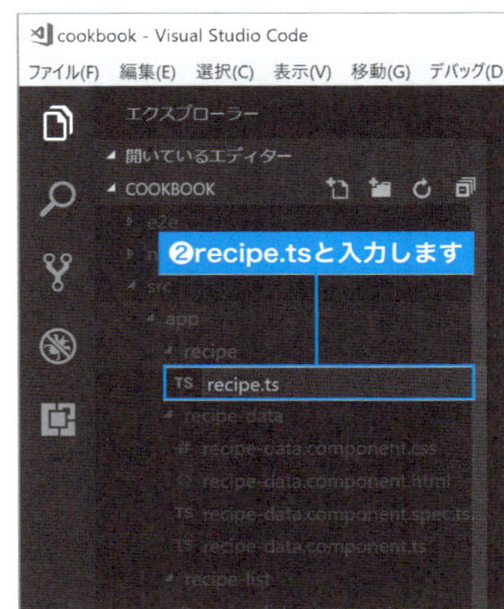

図 9-4-10　recipe.tsファイルにプログラムを入力する

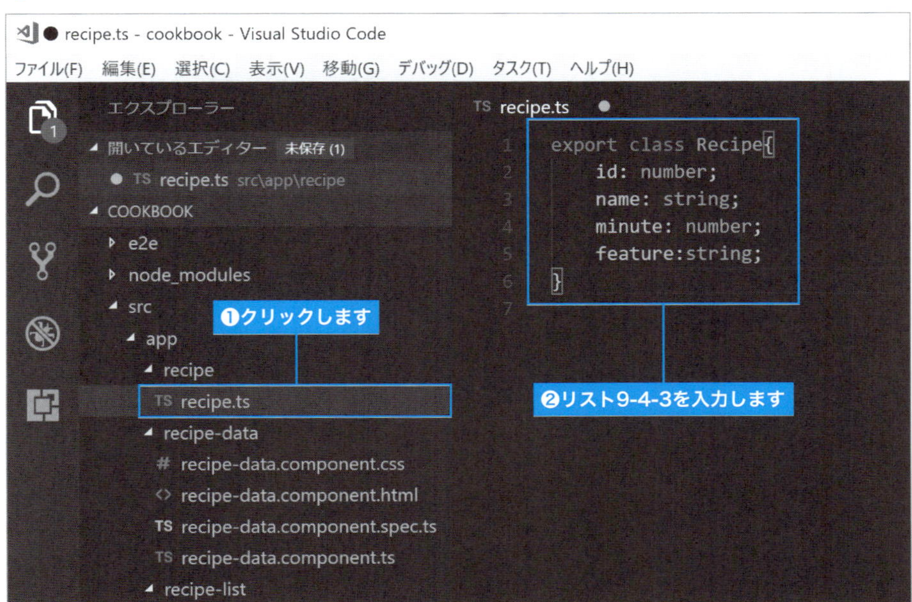

データを定義する

次に、このデータモデルを使って、実際のデータを定義します。データは配列として用意します。たとえば次のようにします。

```
export const RECIPEDATA: Recipe[] = [
    {
        id: 1,
        name: " チキンライス ",
        minute: 15,
        feature: " 残りごはんで手早く。甘酸っぱいケチャップが鶏肉によく合う "
    },
    …略…
};
```

「RECIPEDATA: Recipe[] 」とは、「Recipeクラスの配列をRECIPEDATAという名前で用意する」という意味です。その前にある「const」は定数という意味で、変更できないこと（つまり、読み取り専用である）ことを示します。

それぞれのデータ定義は「{」と「}」で囲んで、「プロパティ名:値」のように定義します。この例では「idが1」「nameがチキンライス」……という意味です。

このようにRECIPEDATAという名前で定義しておくと、一覧ページ（RecipeList Component）や詳細ページ（RecipeDataComponent）から、このRECIPEDATAという名前で、定義したデータを参照できるようになります。

では実際にVisual Studio Codeで操作して、データ定義を作成しましょう。次のように操作してください。

データ一覧を定義するための作業手順

❶ recipedata.tsファイルを作る

どのようなファイル名でもよいのですが、ここでは先に作ったrecipeフォルダにrecipedata.tsというファイル名で作ることにします。recipeフォルダを右クリックして［新しいファイル］を選択し､「recipedata.ts」ファイルを作成してください（**図9-4-11**)。

図 9-4-11　recipedata.tsファイルを作成する

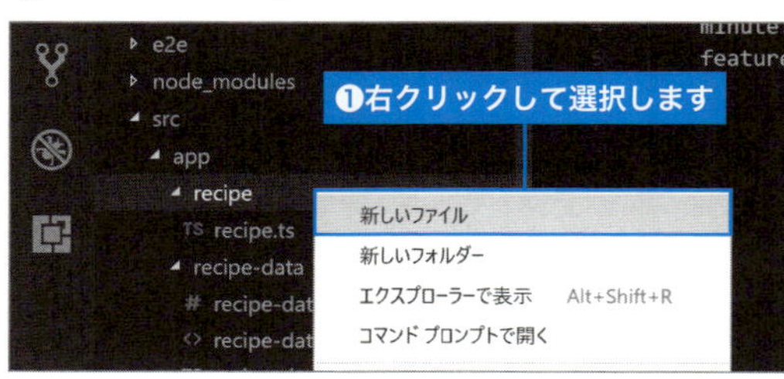

❷ recipedata.tsファイルを入力する

recipedata.tsファイルを**リスト9-4-4**のように入力します（**図9-4-12**）。ここでは「チキンライス」「カレーライス」「炊き込みごはん」など、5種類のレシピを定義しました。

データモデルとなるRecipeクラスは、別のrecipe.tsというファイルに書いたので、それをインポートする必要があるので注意してください。

リスト 9-4-4 recipedata.ts

```
import { Recipe } from './recipe';
export const RECIPEDATA: Recipe[] = [
    {
        id: 1,
        name: "チキンライス",
        minute: 15,
        feature: "残りごはんで手早く。甘酸っぱいケチャップが鶏肉によく合う"
    },
    {
        id: 2,
        name: "カレーライス",
        minute: 60,
        feature: "またカレーライス、やっぱりカレーライス。火さえ通れば失敗しようがない！"
    },
    {
        id: 3,
        name: "炊き込みごはん",
        minute: 60,
        feature: "実質作業時間は切る時間のみ、あとは炊飯器任せ"
    },
    {
        id: 4,
        name: "ツナピラフ",
        minute: 60,
        feature: "最も簡単な「魚料理」、野菜を切ったら炊飯器にお任せ"
    },
    {
        id: 5,
        name: "チャーハン",
        minute: 15,
        feature: "簡単で味もアッサリ。醤油と長ネギで和風のおかずにも合います"
    }

]
```

図 9-4-12　recipedata.tsを入力する

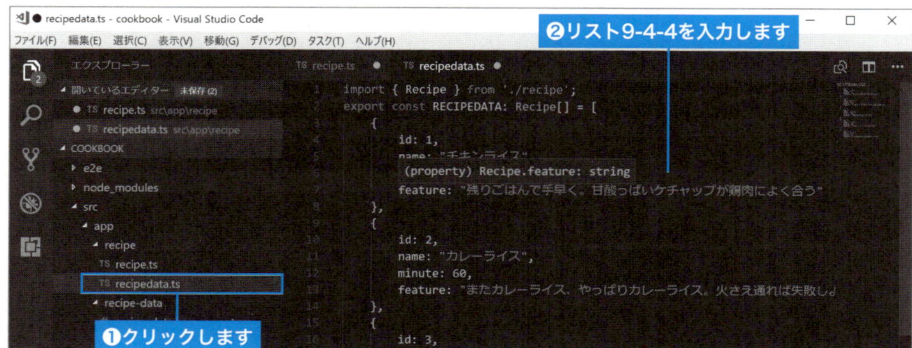

一覧ページを作る

以上で、レシピの一覧を扱うデータができ、RECIPEDATAという名前で参照できるようになりました。

図 9-4-13　一覧ページの処理の流れ

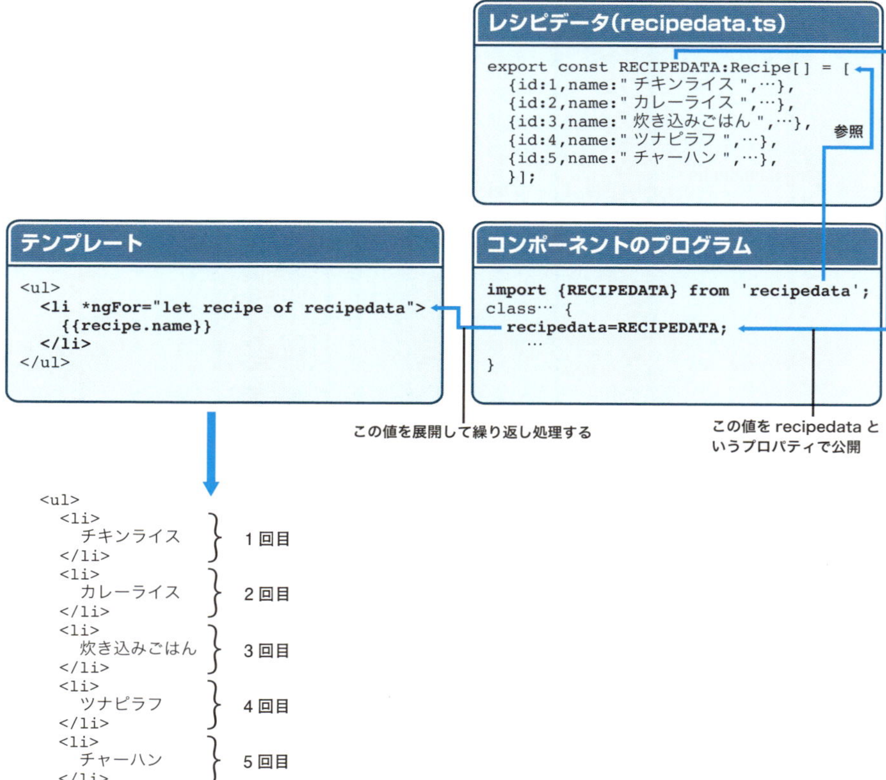

一覧ページ（主たるページ、RecipeListComponent）で、このデータ一覧を参照し、画面に表示してみましょう。一覧ページの基本的な考え方は、*ngForを使ったループによる表示です。RecipeListComponentのプログラムにて、RECIPEDATAを参照して、自身のプロパティとして公開します。このプロパティをテンプレート側で読み込んで、*ngForで作成するという流れになります（**図9-4-13**）。

TypeScriptプログラムの修正

まずは、TypeScriptのプログラムであるrecipe-list.components.tsを修正します。**図9-4-13**に示したように、RECIPEDATAの定義を読み込んで、自身のプロパティとして公開します。プロパティ名は何でもかまいませんが、ここではrecipedataというプロパティ名にします。

そのプログラムは、**リスト9-4-5**のようになります。太字が修正した部分です。

まず、recipedataをインポートします。

```
import {RECIPEDATA} from '../recipe/recipedata';
```

ここでは「from」に指定しているファイルの場所が「../recipe/recipedata」というように「../」になっている点に注意してください。「../」は親フォルダを意味します。このrecipe-list.components.tsは、recipe-listフォルダにあり、recipe-listのファイルは親フォルダの下のrecipeにあるので、「../recipe/recipedata」となるのです（**図9-4-14**）。

図9-4-14　recipe-list.components.tsから見たrecipedata.tsの位置

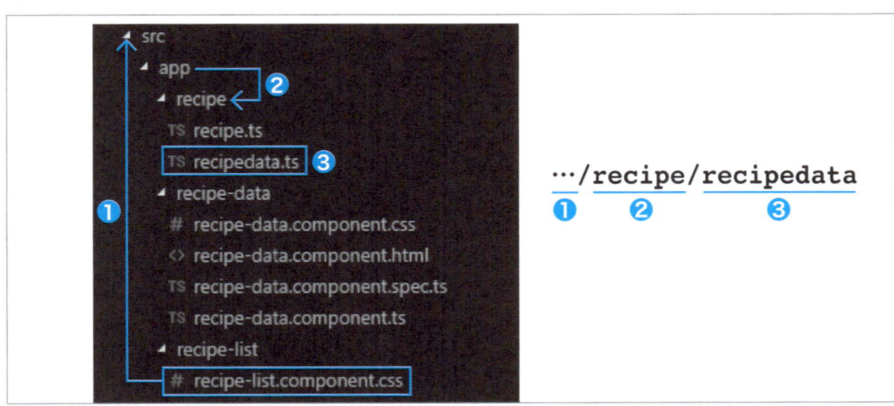

そしてRECIPEDATAをrecipedataというプロパティとして公開します。これは、次のように変数として定義するだけです。

```
recipedata = RECIPEDATA;
```

リスト 9-4-5　RECIPEDATAを読み込んで、recipedataプロパティとして公開する (recipe-list.components.ts)

```
import { Component, OnInit } from '@angular/core';
import {RECIPEDATA} from '../recipe/recipedata';

@Component({
  selector: 'app-recipe-list',
  templateUrl: './recipe-list.component.html',
  styleUrls: ['./recipe-list.component.css']
})
export class RecipeListComponent implements OnInit {
  recipedata = RECIPEDATA;

  constructor() { }

  ngOnInit() {
  }

}
```

テンプレートの修正

次にテンプレートであるrecipe-list.component.htmlファイルを修正します。これは、*ngForを使って、いまプロパティとして公開したrecipedataをループして表示することになります。

データのうち、「レシピの名称」を一覧で表示するには、データモデル（前掲の**表9-4-1**）のnameの値を参照すればよく、**リスト9-4-6**のように記述します。

リスト 9-4-6　主たるページでレシピの名称一覧が表示されるようにする (recipe-list.component.html)

```
<h2> レシピ検索システム </h2>

<ul>
  <li *ngFor="let recipe of recipedata">
    {{recipe.name}}
  </li>
</ul>
```

このように修正したのち、ブラウザで確認すると、確かにレシピの名称の一覧が表示されるのがわかるかと思います（**図9-4-15**）。

図 9-4-15　レシピの一覧が表示された

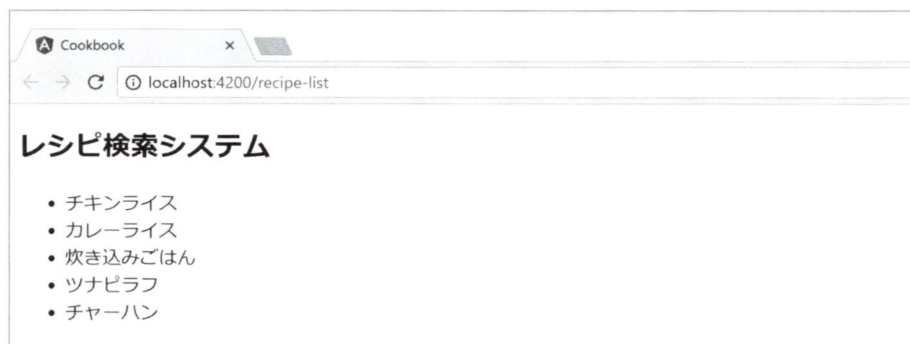

詳細ページを作る

一覧ができたところで、次に詳細ページを作ります。**図9-4-15**では、詳細ページへのリンクを付けていないので、❶詳細ページを作る、❷そのページへのリンクを作る、という2つの仕組みを作っていきます。

どの詳細ページなのかをURLで定める

詳細ページでは「チキンライス」「炊き込みご飯」「ツナピラフ」など、どのレシピの情報を表示するのかを定める必要があります。さまざまな考え方がありますが、ここでは、項目値idで定めるものとします。

レシピのデータは、次のように定義しています。

```
export const RECIPEDATA: Recipe[] = [
    {
        id: 1,
        name: " チキンライス ",
        minute: 15,
        feature: " 残りごはんで手早く。甘酸っぱいケチャップが鶏肉によく合う "
    },
    {
        id: 2,
        name: " カレーライス ",
        minute: 60,
        feature: " またカレーライス、やっぱりカレーライス。火さえ通れば↵
失敗しようがない！ "
    },
    {
        id: 3,
        name: " 炊き込みごはん ",
```


Chapter 9

```
            minute: 60,
            feature: " 実質作業時間は切る時間のみ、あとは炊飯器任せ "
        },
        {
            id: 4,
            name: " ツナピラフ ",
            minute: 60,
            feature: " 最も簡単な「魚料理」、野菜を切ったら炊飯器にお任せ "
        },
        {
            id: 5,
            name: " チャーハン ",
            minute: 15,
            feature: " 簡単で味もアッサリ。醤油と長ネギで和風のおかずにも合います "
        }
    ]
```

このid値を使って、「idが1番のときはチキンライス」「2番のときは炊き込みご飯」「3番のときはツナピラフ」……のように区別することにします。

パスにパラメータを渡す

こうしたidのように、コンポーネントに渡す値のことを**パラメータ**と呼びます。パラメータを渡すにはURLに記述するのですが、その書き方はいくつかあり、もっとも基本的な渡し方はURLの後ろに「/」で区切って渡す方法です。

たとえば、詳細ページのURLを「/recipe-data」と定義するとします（この定義は、すぐあとで実際に書きます）。このとき、次のようにURLを書くことができます。

```
/recipe-data/ 好きなデータ
```

この「好きなデータ」のところに、表示したい料理のIDを記述すれば、値を渡すことができます。たとえば、「/recipe-data/1」ならチキンライス、「/recipe-data/2」なら炊き込みごはん……のようにするのです。

パスにデータを含めて渡す

次に「/recipe-data/id番号」というURLでは詳細ページとなるRecipeDataComponentを表示するように、URLをマッピングして渡されたID番号を取得して画面に表示する、というところまでを作ってみます。

まずはURLのマッピングを設定します。RoutingModuleを使ってルーティング設定をしているapp-routing.module.tsファイルを開いて、**リスト9-4-7**に示す太字の行を追加してください。

ここでは、pathに対して「/recipe-data/:id」のように指定している点に注目してください。この「:id」というのが「/recipe-data/1」や「/recipe-data/2」の「1」や「2」に相当する部分です。

MEMO

この「:id」という名前は、あとでコンポーネントから参照するときに指定する名前であり、「:id」である必要はありません。仮に、「/recipe-data/:number」とするなら、後述する**リスト9-4-8**のプログラムにて、「.get('id')」の部分を「.get('number')」のように書き換えます。

```
{path:"recipe-data/:id", component:RecipeDataComponent}
```

このように記述すると「/recipe-data/任意の値/」というパスが指定されたときに、RecipeDataComponentが表示されるようになります。

ここで注意したいことは2つあります。

❶ idの部分が存在しないマッピングに対しては機能しない

「/recipe-data/」のように「:id」の部分が省略された場合、このマッピングは機能しません。実際にプログラムを作ったあとに「http://localhost:4200/recipe-data/」というURLでアクセスした場合は、RecipeDataComponentは表示されず、デフォルトのページが表示されます（**リスト9-4-7**では、「path:""」に対して、「/recipe-list」にリダイレクトする設定がされているので、このリダイレクトが実施されることになります）。

❷ idの書式は任意

「id」は書式が指定されているわけではないので、「/recipe-data/abcdef」のように数値ではないものを渡されたときも有効です。数値に限るなどの指定は、ここではまったくしていません。

リスト 9-4-7 「/recipe-data/ID番号」のパスをRecipeDataComponentに割り当てる(app-routing.module.ts)

```
import { NgModule } from '@angular/core';
import { CommonModule } from '@angular/common';
import {RouterModule} from '@angular/router';
import { RecipeListComponent} from './recipe-list/recipe-list.component';
import { RecipeDataComponent } from './recipe-data/recipe-data.component';
```

```
@NgModule({
  imports: [
    CommonModule,
    RouterModule.forRoot([
      {path:"", redirectTo: '/recipe-list', pathMatch: 'full'},
      {path:"recipe-list", component:RecipeListComponent},
      {path:"recipe-data/:id", component:RecipeDataComponent}
    ])
  ],
  exports:[
    RouterModule
  ],
  declarations: []
})
export class AppRoutingModule { }
```

パスに渡された値を読み取る

では次に、パスに渡された値、つまり「/recipe-data/1」なら「1」、「/recipe-data/2」なら「2」という値を取得して表示するところまでを作ってみましょう。

まずは、詳細ページのコンポーネントであるrecipe-data.component.tsのTypeScriptファイルを、**リスト9-4-8**のように修正します。

リスト 9-4-8 パスに渡された値を読み取る（recipe-data.component.ts）

```
import { Component, OnInit } from '@angular/core';
import {ActivatedRoute} from '@angular/router';

@Component({
  selector: 'app-recipe-data',
  templateUrl: './recipe-data.component.html',
  styleUrls: ['./recipe-data.component.css']
})
export class RecipeDataComponent implements OnInit {
  recipeid:string;
  constructor(private route:ActivatedRoute) { }

  ngOnInit() {
    this.recipeid= this.route.snapshot.paramMap.get('id');
  }
}
```

❶ ActivatedRouteクラスのインポートと注入

現在ユーザーが表示しているURLや、そこに含まれているパラメータなどを参照するには、ActivatedRouteオブジェクトを使います。

まずは次のように、ActivatedRouteクラスをインポートします。

```
import {ActivatedRoute} from '@angular/router';
```

そしてコンストラクタで、ActivatedRouteクラスを注入します。下記のようにすると、routeという名前でこのコンポーネントに関連付けられているActivatedRouteオブジェクトを参照できるようになります。

```
constructor(private route:ActivatedRoute) { }
```

❷ パスに含まれている値の取得

「/recipe-data/1」や「/recipe-data/2」のURLのうち、「1」や「2」の部分は、❶で用意したActivatedRouteオブジェクトを通じて取得します。

まずは、取得するデータを保存するプロパティを用意しておきます。ここではrecipeidという名前の変数として用意しました。型はstring型です。number型ではないので注意してください。URLは文字列であり、「/recipe-data/abcdef」という数字ではないURLも有効であるからです。

```
recipeid:string;
```

実際にid値の部分を取得するには、次のように記述します。

```
this.recipeid= this.route.snapshot.paramMap.get('id');
```

「this.recipeid」は、いま定義したrecipeidプロパティです。ここに取得した値を代入しようとしています。

データを取得するには、「this.route.snapshot.paramMap.get('パラメータ名')」のように記述します。パラメータ名というのは、RoutingModuleでマッピングしたpathに含まれているパラメータです。**リスト9-4-7**に示したapp-routing.module.tsでは、pathを次のように「:id」と定義しています。ですから「.get('id')」のように取得できるのです。

```
{path:"recipe-data/:id", component:RecipeDataComponent}
```

受け取った値を表示する

ここまでのプログラムで「/recipe-data/1」や「/recipe-data/2」としたとき、recipeidプロパティに「1」や「2」の値が格納されるようになりました。

テンプレートを修正して、本当に値が設定されているかどうかを確認してみましょう。recipe-data.component.htmlを**リスト9-4-9**のように修正してみてください。

このテンプレートでは、「{{recipeid}}番目のレシピが選択されました」と表示しています。実際に実行して、たとえばブラウザに「http:/localhost:4200/recipe-data/1」と入力したときは、「1番目のレシピが選択されました」と表示されることを確認しましょう（**図9-4-16**）。

リスト 9-4-9　URLに指定されたidの値を表示するテンプレート（recipe-data.component.html）

```
<div>
  {{recipeid}} 番目のレシピが選択されました。
</div>
```

図 9-4-16　パスに指定した値がそのまま表示されるようになった

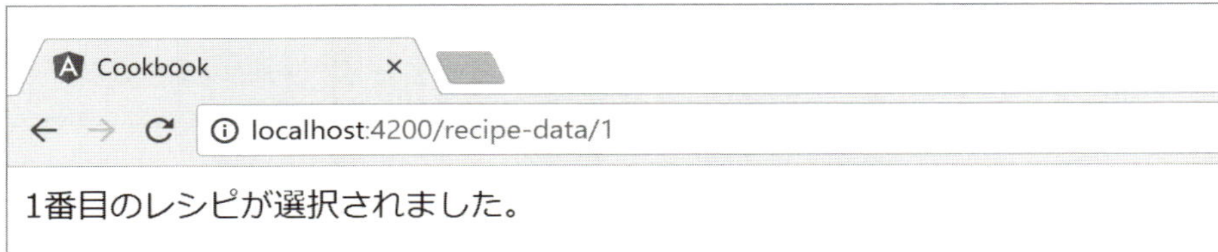

一覧ページと詳細ページをリンクする

以上で、一覧ページと詳細ページができました。クリックして移動できるよう、この2つのページにリンクを構成しましょう。

一覧リンクから詳細ページへのリンク

まずは一覧のページから、いま作成した詳細ページにリンクを張りましょう。現在、一覧ページのテンプレートであるrecipe-list.component.htmlでは、「{{recipe.name}}」しか表示していないので、ここにリンクを付けます。リンクは「/recipe-data/id値」です。id値は、*ngForでループしているRecipeオブジェクトのidプロパティとして取得できるので、**リスト9-4-10**に示すように、次のように表記します。

```
<a routerLink="/recipe-data/{{recipe.id}}">{{recipe.name}}</a>
```

このように修正すると一覧ページの、それぞれのレシピ名にリンクが付き、クリックすると/recipe-data/id番号のページに遷移し、「○番目のレシピが選択されました」と表示されるはずです（**図9-4-17**）。

COLUMN

もっとたくさんのパラメータを渡したいときは

ここでは「/recipe-data/id値」のように「id値」というひとつのパラメータしか渡していませんが、複雑なアプリケーションだと、もっとたくさんの値を渡したいこともあります。そのようなときは、次の3つの方法を使います。

❶さらにパラメータを付ける

pathの定義を「recipe-data/:id/:data1/:data2」のように、さらに「/」で区切ってデータを加えます。この例だと、「/recipe-data/1/a/x」というURLは、this.route.snapshot.paramMap.get('data1')が「a」、this.route.snapshot.paramMap.get('data2')が「x」という値として参照できます。

❷パラメータを「;」で区切る

Angularでは「;」で区切ったパラメータを指定できます。この場合、RoutingModuleのパスの定義は「/recipe-data/:id」のままとして、たとえば「/recipe-data/1;data1=a;data2=x」のようにします。この方法でも、❶と同様に、this.route.snapshot.paramMap.get('data1')が「a」、this.route.snapshot.paramMap.get('data2')が「x」という値として参照できます。

❸「?」を使う

最後の方法は、「?」の後ろにパラメータ名を指定する方法です。この方法は「クエリパラメータ」と呼び、複数のパラメータがあるときは、「&」で区切ります。たとえば、「/recipe-data/1?data1=a&data2=x」のようにします。

この場合は、paramMapではなくqueryParamMapを使い、this.route.snapshot.queryParamMap.get('data1')が「a」、this.route.snapshot. queryParamMap.get('data2')が「x」という値として参照できます。

リスト 9-4-10 一覧にリンクを付ける（recipe-list.component.html） 

```
<h2> レシピ検索システム </h2>

<ul>
  <li *ngFor="let recipe of recipedata">
      <a routerLink="/recipe-data/{{recipe.id}}">{{recipe.name}}</a>
  </li>
</ul>
```

図 9-4-17　一覧ページ（主ページ）から詳細ページへのリンクが張られた

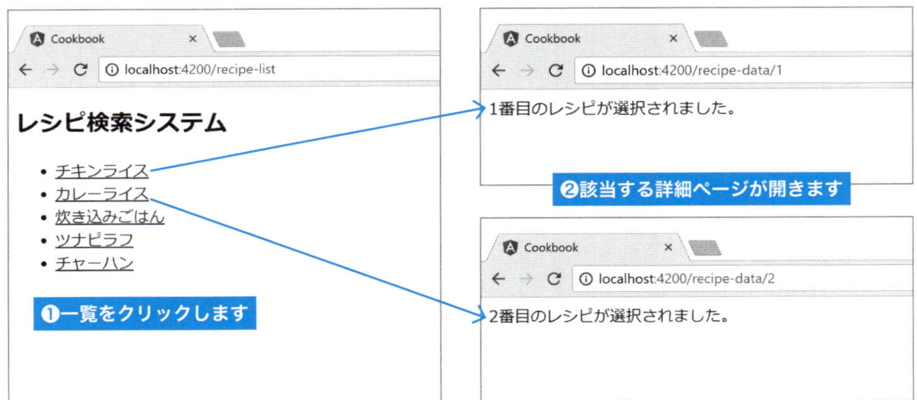

元のページに戻れるようにする

今度は逆に、詳細ページから一覧ページに戻れるようにしましょう。Angularではページの遷移をLocationというオブジェクトで管理しており、backメソッドを呼び出すと、前に見ていたページに戻ることができます。

まずはプログラム側から修正します。recipe-data.component.tsを**リスト9-4-11**のように修正してください。

リスト 9-4-11　Locationオブジェクトを使い、元のページに戻るためのメソッドを追加する（recipe-data.component.ts）

```
import { Component, OnInit } from '@angular/core';
import {ActivatedRoute} from '@angular/router';
import {Location} from '@angular/common';

@Component({
  selector: 'app-recipe-data',
  templateUrl: './recipe-data.component.html',
  styleUrls: ['./recipe-data.component.css']
})
export class RecipeDataComponent implements OnInit {
  recipeid:string;
  constructor(private route:ActivatedRoute, private location:Location) { }

  ngOnInit() {
    this.recipeid= this.route.snapshot.paramMap.get('id');
  }

  backToList(){
    this.location.back();
```

```
    }
}
```

Locationオブジェクトを使うため、インポートします。

```
import {Location} from '@angular/common';
```

そしてコンストラクタに下記のように記述することでインジェクションします。このように記述すると、locationという名前のプロパティで、このLocationオブジェクトにアクセスできるようになります。

```
constructor(private route:ActivatedRoute, private location:Location) {}
```

前のページに戻るには、このlocationオブジェクトのbackメソッドを実行します。そこで、戻る動作をするメソッドを用意しておきます。ここではbackToListという名前にしました。

```
backToList(){
  this.location.back();
}
```

次にテンプレートを修正します。recipe-data.component.htmlを開いて**リスト9-4-12**のように修正してください。次のボタンを追加しました。

```
<button (click)="backToList()">リストに戻る</button>
```

「(click)」は、クリックされたときに実行するメソッドを定義するものです。

上記では、「backToList()」を指定しているので、TypeScriptのプログラムとして実装したbackToListメソッドが実行されます。backToListメソッドの処理では、「this.location.back();」を実行しているので、直前に見ていたページに遷移するという動作になります(**図9-4-18**)。

リスト 9-4-12 [リストに戻る] ボタンを追加したもの (recipe-data.component.html)

```
<div>
  {{recipeid}}番目のレシピが選択されました。
</div>
<button (click)="backToList()">リストに戻る</button>
```

図 9-4-18　一覧と詳細ページの遷移

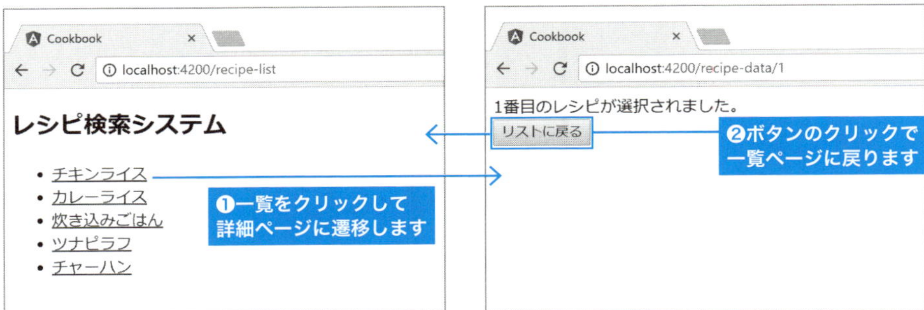

詳細ページに画像などを表示する

以上で基本的なところまでできました。いまは詳細ページに「○番目のレシピが選択されました」とだけ表示されていますが、実際にレシピの詳細が表示されるように改良していきましょう（**図9-4-19**）。

図 9-4-19　レシピの詳細を表示する

レシピの詳細データをテンプレートから参照できるようにする

いまはURLのうしろに指定したid値、つまり「/recipe-data/1」なら「1」という値しかテンプレートから参照できないので、これを「1」が指定されているのであれば「1番目のデータ」、すなわち

```
{
    id: 1,
    name: " チキンライス ",
    minute: 15,
    feature: " 残りごはんで手早く。甘酸っぱいケチャップが鶏肉によく合う "
},
```

というデータ全体をテンプレートから参照できるようにします。

データはRECIPEDATAという定数で定義しているので、この処理は「RECIPEDATAで管理されているデータのなかから、idの値が1であるものを探す」という操作になります。このような「データを探す」という操作をするには、findというメソッドを使います。具体的には次のようにすると、idが1番目のRecipeオブジェクトを探すことができます。


```
RECIPEDATA.find(recipe=>recipe.id==1);
```

括弧のなかに指定しているのが、検索の条件式です。ここでは、RECIPEDATAという配列を「recipe」という名前で取り出し、その「idプロパティが1に合致する」という意味です。もし該当するものが見つからなかった場合には、nullという値が得られます。

MEMO

nullはJavaScriptやTypeScriptにおいて、何も保持していないことを示す特別な値です。

以上を踏まえて、まずは、プログラム側のrecipe-data.component.tsファイルを**リスト9-4-13**のように修正します。

リスト 9-4-13 選択されたRecipeオブジェクトをテンプレートから参照できるようにする (recipe-data.component.ts)

```
import { Component, OnInit } from '@angular/core';
import {ActivatedRoute} from '@angular/router';
import {Location} from '@angular/common';
import {Recipe} from '../recipe/recipe';
import {RECIPEDATA} from '../recipe/recipedata';

@Component({
  selector: 'app-recipe-data',
  templateUrl: './recipe-data.component.html',
  styleUrls: ['./recipe-data.component.css']
})
export class RecipeDataComponent implements OnInit {
```

```
  recipeid:string;
  recipe:Recipe;

  constructor(private route:ActivatedRoute, private location: ↵
Location) { }

  ngOnInit() {
    this.recipeid= this.route.snapshot.paramMap.get('id');
    this.recipe = RECIPEDATA.find(recipe=>recipe.id ↵
.toString()==this.recipeid);
  }

  backToList(){
    this.location.back();
  }
}
```

まずは、データ構造を定義しているRecipeとRECIPEDATAをインポートします。

```
import {Recipe} from '../recipe/recipe';
import {RECIPEDATA} from '../recipe/recipedata';
```

そして選択されたRecipeオブジェクトを公開するプロパティ（変数）を定義しておきます。ここでは、recipeという名前にしました。

```
recipe:Recipe;
```

そしてURLのうしろに指定されたid値に合致するRecipeオブジェクトを取得するため、findメソッドを使って次のように記述します。

```
this.recipe = RECIPEDATA.find(recipe=>recipe.id.toString()==this ↵
.recipeid);
```

先に示したfindメソッドを使ったものと同じですが、URLの末尾に渡されるrecipeidは数値ではなくて文字列です。そのため、「recipe=>recipe.id==this.recipeid」ではなく「recipe=>recipe.id.toString()==this.recipeid」のように、toStringを使いました。toStringは文字列に変換するためのメソッドです。

画像を配置する

これで、テンプレートからrecipeプロパティを参照することで、選択されたレシピの詳細情報を取得できます。たとえば「{{recipe.name}}」と記述すればレシピの名前が、「{{recipe. minute}}」と記述すれば所要時間、「{{recipe.feature}}」と記述すればキャッチコピーを表示できます。

問題となるのは画像ですが、ここではid番号と関連付け、idが1のときは「pict1.png」、idが2のときは「pict2.png」のようにしたいと思います。

では、この「pic1.png」や「pic2.png」をどこに置けばよいでしょうか？

実はAngularでは、こうした画像やHTML、その他のコンテンツファイルは、assetsというフォルダの下に置くのが慣例です。ここではassetsフォルダの下にimgフォルダを作り、そのなかに各種レシピの画像を置きましょう（**表9-4-2**、**図9-4-20**）。

このように配置しておくと、画像のURLは「/assets/img/pict{{recipe. id}}.png」と示せます。すなわち次のタグで、該当の画像を表示できます。

```
<img src="/assets/img/pict{{recipe.id}}.png">
```

表 9-4-2　用意するレシピの画像

pict1.png	pict2.png	pict3.png	pict4.png	pict5.png
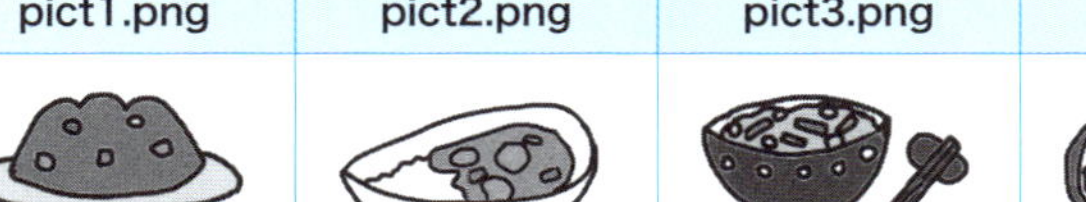				

図 9-4-20　レシピの画像をassets/imgフォルダに配置する

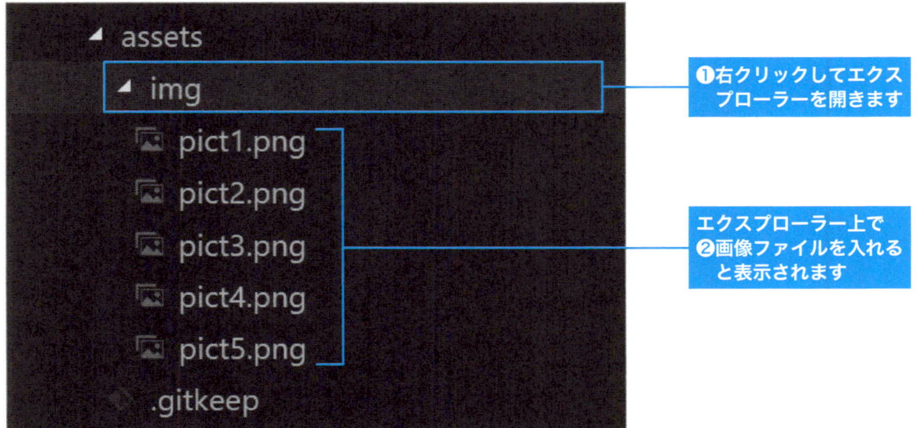

Chapter 9

以上を踏まえて、詳細ページを表示するテンプレートを作ります。recipe-data.component.htmlを**リスト9-4-14**のように修正してください。このように修正すると、画面は**図9-4-21**のようになります。

リスト9-4-14では、次のように「*ngIf」を指定してrecipeに値が設定されているときだけ、詳細情報を表示している点に注目してください。

```
<div *ngIf="recipe">
  …略…
</div>
```

すでに説明したように、findメソッドでは条件に合致するものが見つからないときは、nullという値になります。たとえば、「/recipe-data/6」や「/recipe-data/abc」のようなURLでアクセスしたときなどが相当します。この場合、recipeプロパティに詳細情報が設定されていないので、{{recipe.プロパティ名}}を参照すると、エラーになってしまいます。そこで、recipeプロパティに値が設定されているときだけ表示するようにしているのです。

リスト 9-4-14　詳細を表示するテンプレート（recipe-data.component.html） 

```
** レシピ詳細 **
<div *ngIf="recipe">
  <h2>{{recipe.name}}</h2>
<p>{{recipe.feature}}</p>
<table>
    <tr>
      <td>
        <img width="200" src="/assets/img/pict{{recipe.id}}.png"></td>
      <td>
        <b> 調理時間：</b>{{recipe.minute}} 分 <br><br>
      </td>
    </tr>
  </table>
</div>
<button (click)="backToList()"> リストに戻る </button>
```

図 9-4-21　詳細情報が表示された

Chapter9のまとめ

この章では、ページ遷移の方法を説明してきました。

❶ RoutingModuleを使ったURLパスとコンポーネントとのマッピング

ページ遷移するには、RoutingModuleを使って、URLパスとコンポーネントとをマッピングします。

❷ コンポーネントの表示

コンポーネントを表示したいところには、「<router-outlet></router-outlet>」と記述します。

❸ URLでパラメータを渡す

マスター／ディテイルアプリケーションを構成する場合など、詳細ページにパラメータを渡したいときは、RouterModuleで構成するパス名に「:パラメータ名」（たとえば:id）と記述します。その値はActivatedRouteオブジェクトの「.snapshot.paramMap.get('パラメータ名')」として取得します。

次章では、ここで作成したレシピデータを表形式で表示して、検索できる仕組みを作ります。

検索機能を実装する

この章では前章で作成したレシピアプリを改良し、検索できるようにしていきます。

Section 10-1

データ操作するためのサービス

この章では、テキストボックスに文字列を入力すると、データを検索できる仕組みを作っていきます（**図10-1-1**）。

図 10-1-1　レシピを検索できるようにする

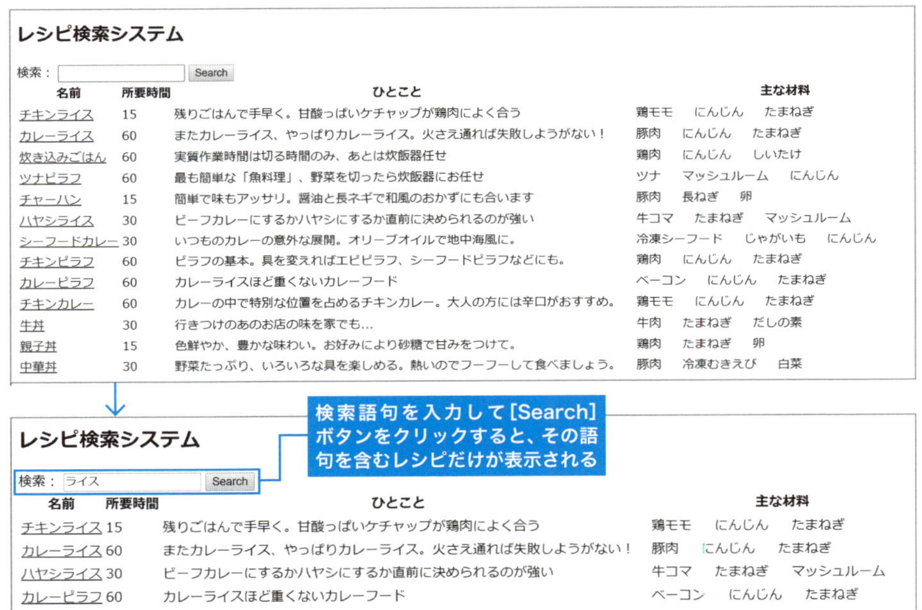

データを管理するサービスを導入する

前章では、レシピのデータを配列として管理してきました。一覧表示を担当するRecipeListComponentや詳細表示を担当するRecipeDataComponentは、recipedata.jsで定義したRECIPEDATA配列を参照していました。

この章では、このように配列としてデータを定義するのをやめて、データを管理するオブジェクトを導入します。このオブジェクトはコンポーネントからの指示でデータを取り出したり、格納したりする操作をします（本書のサンプルではデータの書き換えはしないので、格納の操作は実装しません）。このようなデータ操作するオブジェクトのことを、Angularでは「**サービス**」と言います。

サービスを導入するメリットは、さまざまなメソッドを介してデータの絞り込みや加工ができるようになる点です。この章のサンプルでは「キーワードが入力されたときに、そのキーワードを含むレシピだけに絞り込む」という機能を作りますが、その動作はサービスに対して「キーワードに合致するものだけを返す」というメソッドを実装することで実現していきます（**図10-1-2**）。ここでは検索機能しか実装しませんが、ほかにも「並べ替え」や「データ書式の加工」なども実現できます。

図 10-1-2　コンポーネントはサービスを介してデータ操作する

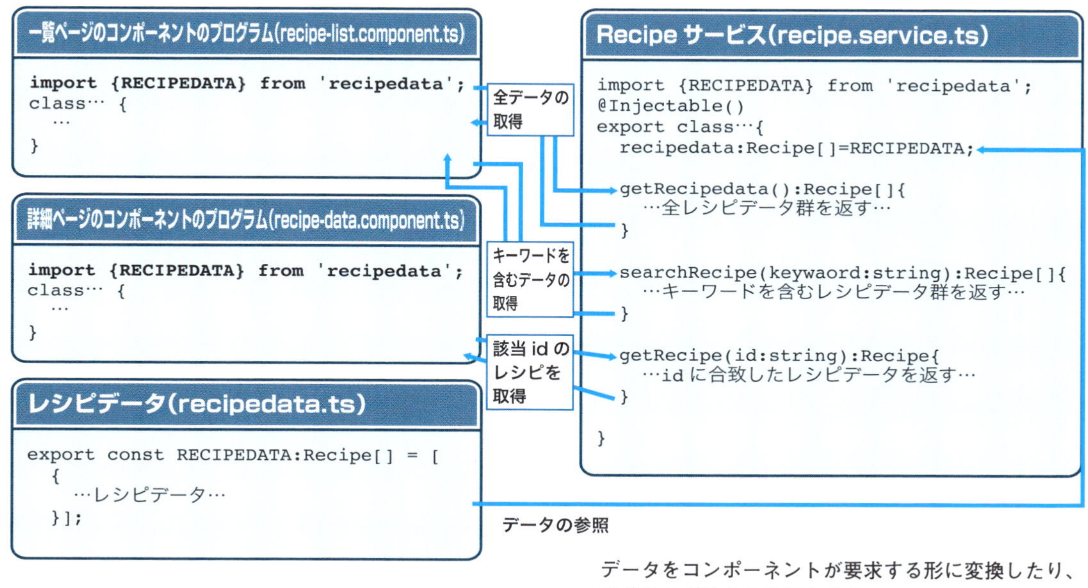

COLUMN

データ操作のサービス化は データベースアプリケーションへの第一歩

実際にデータを扱うアプリケーションを作る場合、そのデータをデータベースに保存することがほとんどかと思います。この章で説明しているデータ操作のサービス化は、そうしたデータベースアプリケーションへの第一歩でもあります。

データベースを使うアプリケーションでも、データ操作のためにサービスとなるオブジェクトを作ります。この章のサンプルでは、サービスとなるオブジェクトは配列データを読み込んでいるだけですが、データベースを使う場合、この読み取り元をデータベースとするように修正します。また、データを変更するときの操作も実装すれば、データベースに値を書き込むことができます（**図10-1-A**）。

図 10-1-A　データベースを用いたアプリケーションの構造

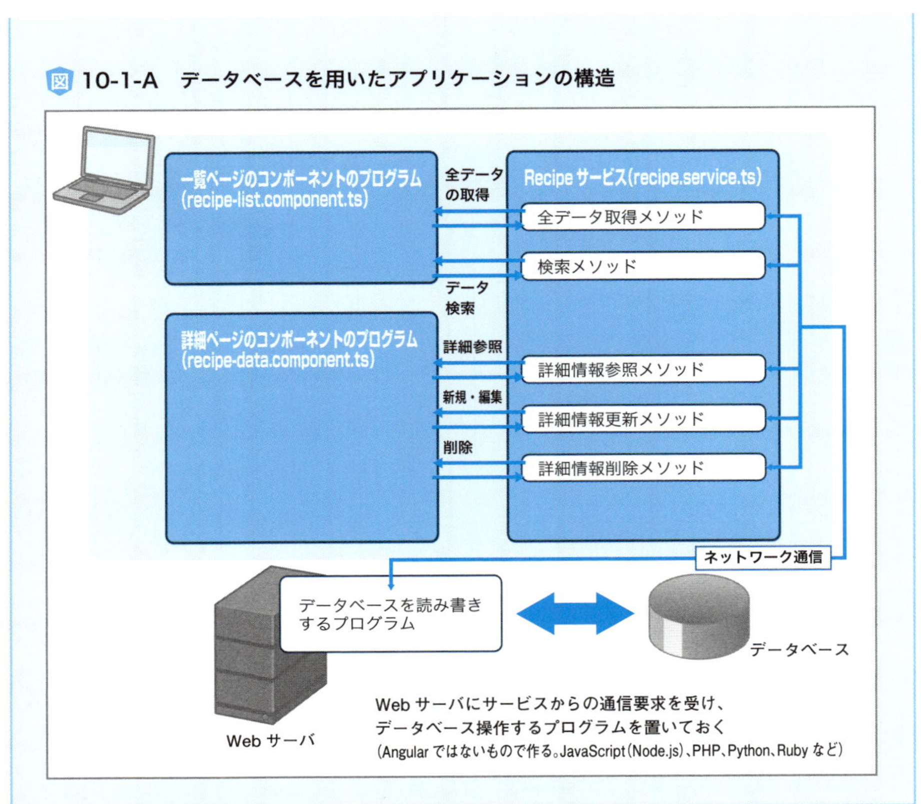

データ操作するサービスを作る

では実際に、前章のサンプルを改良していきます。まずは配列から読み込んでいる部分を、**図10-1-2** に示したようなサービスを作って、そこを経由してアクセスするように修正します。

サービスを定義するクラスを作る

まずはデータ操作するサービスを作ります。ここでは「recipe」という名前のサービスを作ります。

そのためにはコマンドプロンプトやPowerShellを用いて、プロジェクトのフォルダ(cookbookフォルダ)をカレントディレクトリにし、次のように入力します。「s」はサービスを作成すること（sはserviceの略)、--module=appはapp.module.tsに、読み込みのためのコードを自動生成することを指定するオプションです。

```
ng g s recipe --module=app
```

ここでは「recipe」という名前でサービスを作成したので、「recipe.service.ts」というファイルが、appフォルダの直下に作成されます（同時に「recipe.service.spec.ts」というファイルもできますが、これはテストの際に使うファイルです。本書では扱いません）。Visual Studio Codeで確認すると、**図10-1-3**のように見えます。

図 10-1-3　Visual Studio Codeで作成されたファイルを確認したところ

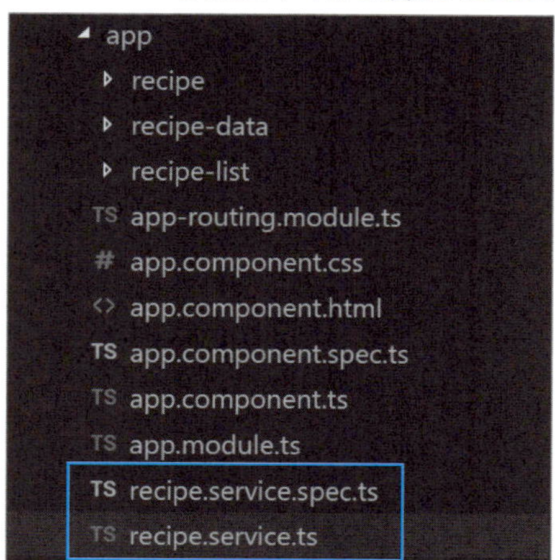

作成されたrecipe.service.tsの内容は**リスト10-1-1**の通りです。３行目で「@Injectable」というデコレータが付いている点に着目してください。これは他のクラスから注入可能であるという意味です。

また、app.module.tsファイルも更新されているので、確認しておきます。**リスト10-1-2**に示すように、recipe.serviceをインポートする設定が追加されています。

```
import {RecipeService} from './recipe.service';
```

そしてNgModuleデコレータに、providers（プロバイダーズ）というメタデータが追加され、RecipeServiceクラスが配列のなかに書かれていることがわかります。

```
providers: [RecipeService],
```

リスト 10-1-1　ecipe.service.ts

```
1  import { Injectable } from '@angular/core';
2
3  @Injectable()
4  export class RecipeService {
5
6    constructor() { }
7
8  }
```

リスト 10-1-2　変更されたapp.module.ts

```
import { BrowserModule } from '@angular/platform-browser';
import { NgModule } from '@angular/core';


import { AppComponent } from './app.component';
import { RecipeListComponent } from './recipe-list/recipe-list.component';
import { RecipeDataComponent } from './recipe-data/recipe-data.component';
import { AppRoutingModule } from './/app-routing.module';
import { RecipeService } from './recipe.service';


@NgModule({
  declarations: [
    AppComponent,
    RecipeListComponent,
    RecipeDataComponent
  ],
  imports: [
    BrowserModule,
    AppRoutingModule
  ],
  providers: [RecipeService],
  bootstrap: [AppComponent]
})
export class AppModule { }
```

サービスにデータを返す機能を実装する

では、このようにして作成したサービスに、レシピデータを返す機能を実装します。ここでは、recipe.service.tsに2つのメソッドを実装します。

❶ 全データを返す

レシピの全データを返すものです。getRecipedataというメソッド名にします。

❷ 指定したidのデータを返す

idが指定されたとき、そのidのデータを返すものです。getRecipeというメソッド名にします。

実際に作成したものが、**リスト10-1-3**です。

リスト 10-1-3 レシピデータを返す機能を持たせたRecipeサービス (recipe.service.ts)

```
1  import { Injectable } from '@angular/core';
2  import {Recipe} from './recipe/recipe';
3  import {RECIPEDATA} from './recipe/recipedata';
4
5  @Injectable()
6  export class RecipeService {
7    recipedata:Recipe[]=RECIPEDATA;
8
9    constructor() { }
10
11   getRecipedata():Recipe[]{
12     return this.recipedata;
13   }
14
15   getRecipe(id:string):Recipe{
16     return this.recipedata.find(recipe=>recipe.id.toString()==id);
17   }
18 }
```


まずは、レシピのモデルを定義しているクラスとレシピデータの配列を定義しているファイルをインポートします（2行目）。

```
import {Recipe} from './recipe/recipe';
import {RECIPEDATA} from './recipe/recipedata';
```

そして自身のプロパティとして、このデータを定義します。ここではrecipedataというプロパティ（変数）名としました（7行目）。

```
recipedata:Recipe[]=RECIPEDATA;
```

次に、メソッドを定義します。まずは、全データを返すメソッドを定義します。これは、いま定義したrecipedataの内容を返すようにするだけです（15行目）。

```
getRecipe(id:string):Recipe{
  return this.recipedata.find(recipe=>recipe.id.toString()==id);
}
```

コンポーネントを修正する

これでサービスができあがったので、一覧表示するコンポーネントと詳細表示すコンポーネントを、このサービスを使うように修正します。

一覧表示するコンポーネントの修正

まず一覧表示するコンポーネントを修正します。recipe-list.component.tsファイルを開き、**リスト10-1-4**のように修正してください。

リスト 10-1-4　一覧表示するコンポーネントの修正（recipe-list.component.ts）

```
import { Component, OnInit } from '@angular/core';
import {Recipe} from '../recipe/recipe';
import {RecipeService} from '../recipe.service';

@Component({
  selector: 'app-recipe-list',
  templateUrl: './recipe-list.component.html',
  styleUrls: ['./recipe-list.component.css']
})
export class RecipeListComponent implements OnInit {
  recipedata:Recipe[];
  constructor(private rsv: RecipeService) { }

  ngOnInit() {
    this.recipedata = this.rsv.getRecipedata();
  }

}
```

まずは、いま作成したRecipeサービスやデータモデルをインポートします。

```
import {Recipe} from '../recipe/recipe';
import {RecipeService} from '../recipe.service';
```

サービスを使うため、このクラスに注入します。ここでは、rsvという名前で注入しました。すなわち、「this.rsv」で、サービスのオブジェクトであるRecipeServiceオブジェクトを利用できるようになります。

```
constructor(private rsv: RecipeService) { }
```

そして全データを、このRecipeServiceオブジェクトから取得します。まずは、そのためのプロパティ（変数）を用意します（11行目）。

```
recipedata:Recipe[];
```

そしてこの変数に、RecipeServiceオブジェクトから読み込んだデータを設定します（15行目）。

```
this.recipedata = this.rsv.getRecipedata();
```

これでテンプレート側からrecipedataプロパティを参照することで、全レシピデータを取得できます。Chapter9までのテンプレートでは、すでにrecipedataプロパティから参照するように作っているので、テンプレート側を修正する必要はなく、テンプレート側はそのまま使えます。

詳細表示するコンポーネントの修正

同様にして、詳細表示するコンポーネントにも修正を加えていきます。recipe-data.component.tsファイルを開き、**リスト10-1-5**のように修正してください。

リスト 10-1-5　詳細表示するコンポーネントの修正（recipe-data.component.ts） 

```
import { Component, OnInit } from '@angular/core';
import {ActivatedRoute} from '@angular/router';
import {Location} from '@angular/common';
import {Recipe} from '../recipe/recipe';
import {RecipeService} from '../recipe.service';

@Component({
  selector: 'app-recipe-data',
  templateUrl: './recipe-data.component.html',
  styleUrls: ['./recipe-data.component.css']
})
export class RecipeDataComponent implements OnInit {
  recipeid:string;
  recipe:Recipe;


  constructor(private route:ActivatedRoute, private location:Location, private rsv: RecipeService) { }

  ngOnInit() {
    this.recipeid= this.route.snapshot.paramMap.get('id');
    this.recipe = this.rsv.getRecipe(this.recipeid);
  }
```

```
23
24    backToList(){
25      this.location.back();
26    }
27
28  }
```

このプログラムの修正は、RECIPEDATA変数を直接読み込むのではなくて、RecipeServiceオブジェクトからデータを取得するようにしただけです。まずはRecipeServiceをインポートします（5行目）。

```
import {RecipeService} from '../recipe.service';
```

このオブジェクトを利用できるように注入します（17行目）。

```
constructor(private route:ActivatedRoute, private location:Location ↵
, private rsv: RecipeService)
```

ngOnInitメソッドの処理では、URLパスに渡されたidを取得し、そのidを持つRecipeオブジェクトを取得する操作をしていました。この部分を、RecipeServiceに実装したgetRecipidataメソッドを呼び出すように修正します（21行目）。

```
this.recipe = this.rsv.getRecipe(this.recipeid);
```

以上で修正は完了です。一覧ページ、詳細ページともに、RecipeServiceを経由してデータを取得するようになりました。

Section 10-2 レシピデータを増やしてみる

 レシピの項目を増やす

まずは項目を増やしていきます。そのためにデータモデルであるRecipeクラスを修正します。これまでは「id」「name」「minute」「feature」の4項目でしたが、**表10-2-1**示す「manner」「serve」「ingre」の3つの項目を加えたいと思います。

たとえば、洋風で2人前、鶏モモなどの材料の場合、次のような構造を想定しています。

```
manner: "洋",
serve: 2,
ingre: [
    { name: "鶏モモ", amount: "中1枚" },
    { name: "にんじん", amount: "2/3本" },
    { name: "たまねぎ", amount: "1/4個"},
    { name: "ごはん", amount: "茶碗3" },
    { name: "ケチャップ", amount: "カップ半分"}
]
```

表 10-2-1　追加するレシピ項目

項目名	意味
manner	「和」「洋」「中」などの様式
serve	何人分か
ingre	材料。配列として構成する name：材料名 amount：分量

このような構造にするため、recipe.tsファイルを**リスト10-2-1**のように修正します。ingreは配列なので、次のように末尾に「[]」を付けています。

```
ingre:{
    name:string,
    amount:string
}[];
```

リスト 10-2-1　レシピにプロパティを追加する（recipe.ts ファイル）

```
export class Recipe{
    id: number;
    name: string;
    minute: number;
    feature:string;
    manner:string;
    serve:number;
    ingre:{
        name:string,
        amount:string
    }[];
}
```

レシピデータを修正して増やす

いま示した構造に合うようにレシピデータを修正します。検索するにあたって、少量のデータだと結果がわかりにくいので、ここでは新たに8品目を加え、全部で13品目にしておきます。recipedata.ts ファイルを開いて、**リスト 10-2-2** のように修正してください。

リスト 10-2-2　レシピデータを修正して増やす（recipedata.ts）

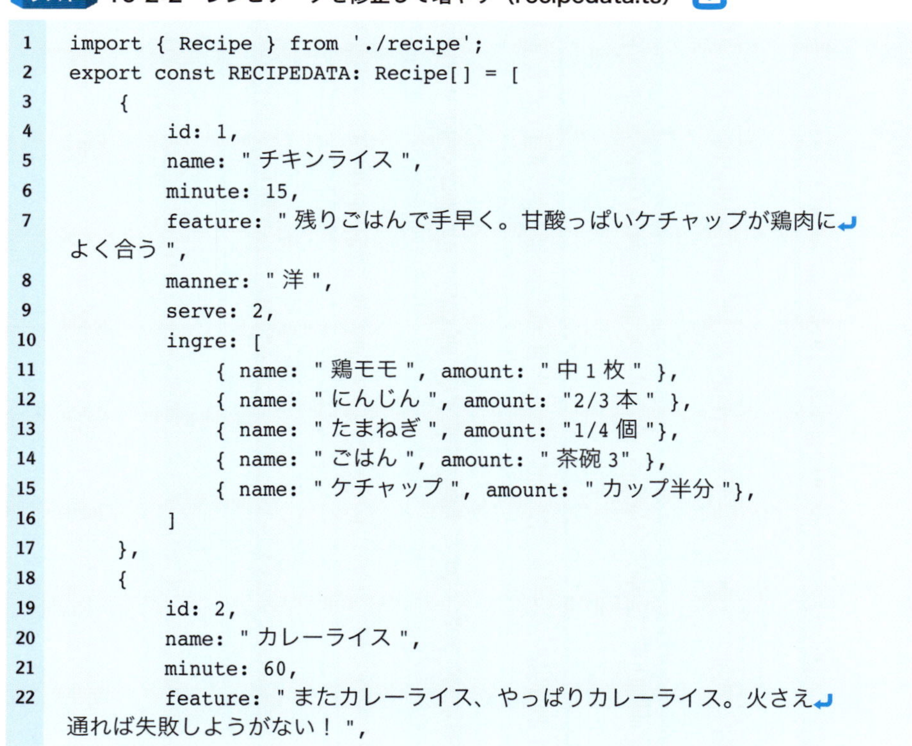

```
import { Recipe } from './recipe';
export const RECIPEDATA: Recipe[] = [
    {
        id: 1,
        name: "チキンライス",
        minute: 15,
        feature: "残りごはんで手早く。甘酸っぱいケチャップが鶏肉によく合う",
        manner: "洋",
        serve: 2,
        ingre: [
            { name: "鶏モモ", amount: "中1枚" },
            { name: "にんじん", amount: "2/3本" },
            { name: "たまねぎ", amount: "1/4個"},
            { name: "ごはん", amount: "茶碗3" },
            { name: "ケチャップ", amount: "カップ半分"},
        ]
    },
    {
        id: 2,
        name: "カレーライス",
        minute: 60,
        feature: "またカレーライス、やっぱりカレーライス。火さえ通れば失敗しようがない！",
```

```
        manner: "洋",
        serve: 2,
        ingre:[
            {name:"豚肉",  amount:"100g"},
            {name:"にんじん", amount:"50"},
            {name:"たまねぎ", amount:"半分"},
            {name:"カレールウ",  amount:"4個"},
            {name:"水", amount:"400cc"},
        ]
    },
    {
        id: 3,
        name: "炊き込みごはん",
        minute: 60,
        feature: "実質作業時間は切る時間のみ、あとは炊飯器任せ",
        manner: "和",
        serve: 4,
        ingre: [
            { name: "鶏肉", amount: "50g" },
            { name: "にんじん", amount: "2センチ" },
            { name: "しいたけ", amount: "2個" },
            { name: "米", amount: "4合"},
            { name: "醤油", amount: "大3"},
            { name: "酒", amount: "大1.5" },
            { name: "みりん", amount: "大1.5"},
            { name: "昆布", amount: "1-2枚" },
        ]
    },
    {
        id: 4,
        name: "ツナピラフ",
        minute: 60,
        feature: "最も簡単な「魚料理」、野菜を切ったら炊飯器にお任せ",
        manner: "洋",
        serve: 4,
        ingre: [
            { name: "ツナ", amount: "中1缶" },
            { name: "マッシュルーム", amount: "小1缶" },
            { name: "にんじん", amount: "1/2本" },
            { name: "たまねぎ", amount: "1/2本" },
            { name: "米", amount: "3合"},
            { name: "コンソメ", amount: "2個" }
        ]
    },
    {
        id: 5,
        name: "チャーハン",
        minute: 15,
        feature: "簡単で味もアッサリ。醤油と長ネギで和風のおかずにも↵
```

Chapter 10

```
合います",
        manner: "中",
        serve: 1,
        ingre: [
            { name: "豚肉", amount: "適量" },
            { name: "長ねぎ", amount: "2/3"},
            { name: "卵", amount: "1個" },
            { name: "ごはん", amount: "茶碗1" },
            { name: "鶏ガラスープのもと", amount: "カップ半分" },
            { name: "オイスターソース", amount: "小1" },
            { name: "しょうゆ", amount: "小1"}
        ]
    },
    {
        id: 6,
        name: "ハヤシライス",
        manner: "洋",
        feature: "ビーフカレーにするかハヤシにするか直前に決められるのが強い",
        serve: 5,
        minute: 30,

        ingre: [
            { name: "牛コマ", amount: "200g" },
            { name: "たまねぎ", amount: "1個" },
            { name: "マッシュルーム", amount: "1缶" },
            { name: "ハヤシルー", amount: "半分" },
            { name: "水", amount: "500ml" },
        ]
    },
    {
        id: 7,
        name: "シーフードカレー",
        minute: 30,
        feature: "いつものカレーの意外な展開。オリーブオイルで地中海風に。",
        manner: "洋",
        serve: 2,
        ingre: [
            { name: "冷凍シーフード", amount: "150g" },
            { name: "じゃがいも", amount: "小1" },
            { name: "にんじん", amount: "小1"},
            { name: "たまねぎ", amount: "1/2"},
            { name: "カレールー", amount: "3個" },
            { name: "オリーブオイル", amount: "小さじ1" },
            { name: "水", amount: "400cc"}
        ]
    },
    {
```

```
        id: 8,
        name: "チキンピラフ",
        minute: 60,
        feature: "ピラフの基本。具を変えればエビピラフ、シーフードピラフなどにも。",
        manner: "洋",
        serve: 3,
        ingre: [
            { name: "鶏肉", amount: "200" },
            { name: "にんじん", amount: "2/3本" },
            { name: "たまねぎ", amount: "1/2個" },
            { name: "米", amount: "2合" },
            { name: "コンソメ", amount: "2個" },
            { name: "水", amount: "400cc" }
        ]
    },
    {
        id: 9,
        name: "カレーピラフ",
        minute: 60,
        feature: "カレーライスほど重くないカレーフード",
        manner: "洋",
        serve: 3,
        ingre: [
            { name: "ベーコン", amount: "2-3枚" },
            { name: "にんじん", amount: "1/3" },
            { name: "たまねぎ", amount: "1/2個" },
            { name: "米", amount: "2合" },
            { name: "カレールー", amount: "3個" },
            { name: "水", amount: "400cc" }
        ]
    },
    {
        id: 10,
        name: "チキンカレー",
        minute: 60,
        feature: "カレーの中で特別な位置を占めるチキンカレー。大人の方には辛口がおすすめ。",
        manner: "洋",
        serve: 4,
        ingre: [
            { name: "鶏モモ", amount: "300g" },
            { name: "にんじん", amount: "1/4本" },
            { name: "たまねぎ", amount: "1個" },
            { name: "ヨーグルト", amount: "大2" },
            { name: "カレールウ", amount: "半分" },
            { name: "水", amount: "700cc" }
```

```
          ]
    },

    {
        id: 11,
        name: " 牛丼 ",
        manner: " 和 ",
        feature: " 行きつけのあのお店の味を家でも ...",
        serve: 3,
        minute: 30,
        ingre: [
            { name: " 牛肉 ", amount: "300g"},
            { name: " たまねぎ ", amount: "2 個 " },
            { name: " だしの素 ", amount: " 小 2"},
            { name: " すりおろし生姜 ", amount: " 大 1" },
            { name: " 水 ", amount: "300cc" },
            { name: " 醤油」 ", amount: " 大 1" },
            { name: " 酒 ", amount: " 大 3" },
            { name: " みりん ", amount: " 大 3" },
            { name: " 砂糖 ", amount: " 大 3" }
        ]

    },

    {
        id: 12,
        name: " 親子丼 ",
        minute: 15,
        feature: " 色鮮やか、豊かな味わい。お好みにより砂糖で甘みをつけて。",
        manner: " 和 ",
        serve: 2,
        ingre: [
            { name: " 鶏肉 ", amount: "150g" },
            { name: " たまねぎ ", amount: "1/4 個 "},
            { name: " 卵 ", amount: "3 個 " },
            { name: " ごはん ", amount: " 茶碗 2" },
            { name: " めんつゆ ", amount: "50cc"},
            { name: " 水 ", amount: "100cc" }
        ]

    },

    {
        id: 13,
        name: " 中華丼 ",
        minute: 30,
        feature: " 野菜たっぷり、いろいろな具を楽しめる。熱いのでフーフーして食べましょう。",
        manner: " 中 ",
```

```
            serve: 4,
            ingre: [
                { name: "豚肉", amount: "100g" },
                { name: "冷凍むきえび", amount: "8匹"},
                { name: "白菜", amount: "1/4個"},
                { name: "にんじん", amount: "4-5本" },
                { name: "たまねぎ", amount: "1/2個" },
                { name: "きくらげ", amount: "4-5枚"},
                { name: "鶏ガラスープの素", amount: "大1" },
                { name: "オイスターソース", amount: "大1" },
                { name: "片栗粉", amount: "大1" },
                { name: "水", amount: "200cc"},
                { name: "ごはん", amount: "3膳"}
            ]

        }

];
```


一覧ページを表形式で表示する

レシピの詳細情報が増えたので、一覧では料理の名前だけでなく、「キャッチコピー」「調理時間」「主な材料」も表示できるようにしてみましょう。

そのためには、テンプレートであるrecipe-list.component.htmlを修正します（**リスト10-2-3**）。修正すると**図10-2-1**のように表示されます。

リスト 10-2-3　一覧ページを表形式にする（recipe-list.component.html）

```
<h2>レシピ検索システム</h2>
<table>
    <tr><th>名前</th><th>所要時間</th><th>ひとこと</th><th>主な材料</tr>
    <tr *ngFor="let recipe of recipedata">
      <td>
        <a routerLink="/recipe-data/{{recipe.id}}">{{recipe.name}}</a>
      </td>
      <td>{{recipe.minute}}</td>
      <td>{{recipe.feature}}</td>
      <td>
          <span *ngFor="let item of recipe.ingre; let i=index">
           {{item.name}} 
          </span>
      </td>
    </tr>
</table>
```

図 10-2-1　表形式で表示したところ

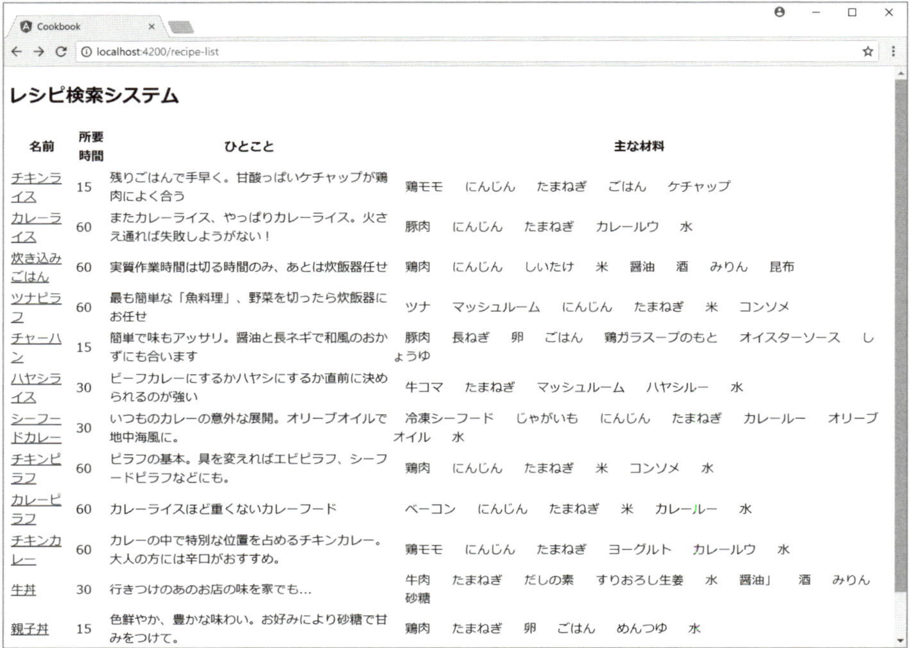

名前	所要時間	ひとこと	主な材料
チキンライス	15	残りごはんで手早く。甘酸っぱいケチャップが鶏肉によく合う	鶏モモ　にんじん　たまねぎ　ごはん　ケチャップ
カレーライス	60	またカレーライス、やっぱりカレーライス。火さえ通れば失敗しようがない！	豚肉　にんじん　たまねぎ　カレールウ　水
炊き込みごはん	60	実質作業時間は切る時間のみ、あとは炊飯器任せ	鶏肉　にんじん　しいたけ　米　醤油　酒　みりん　昆布
ツナピラフ	60	最も簡単な「魚料理」、野菜を切ったら炊飯器にお任せ	ツナ　マッシュルーム　にんじん　たまねぎ　米　コンソメ
チャーハン	15	簡単で味もアッサリ。醤油と長ネギで和風のおかずにも合います	豚肉　長ねぎ　卵　ごはん　鶏ガラスープのもと　オイスターソース　しょうゆ
ハヤシライス	30	ビーフカレーにするかハヤシにするか直前に決められるのが強い	牛コマ　たまねぎ　マッシュルーム　ハヤシルー　水
シーフードカレー	30	いつものカレーの意外な展開。オリーブオイルで地中海風に。	冷凍シーフード　じゃがいも　にんじん　たまねぎ　カレールー　オリーブオイル　水
チキンピラフ	60	ピラフの基本。具を変えればエビピラフ、シーフードピラフなどにも。	鶏肉　にんじん　たまねぎ　米　コンソメ　水
カレーピラフ	60	カレーライスほど重くないカレーフード	ベーコン　にんじん　たまねぎ　米　カレールー　水
チキンカレー	60	カレーの中で特別な位置を占めるチキンカレー。大人の方には辛口がおすすめ。	鶏モモ　にんじん　たまねぎ　ヨーグルト　カレールウ　水
牛丼	30	行きつけのあのお店の味を家でも…	牛肉　たまねぎ　だしの素　すりおろし生姜　水　醤油」　酒　みりん　砂糖
親子丼	15	色鮮やか、豊かな味わい。お好みにより砂糖で甘みをつけて。	鶏肉　たまねぎ　卵　ごはん　めんつゆ　水

表形式にするため、HTMLのtable要素で表現しました。それぞれの行はtr要素です。データの数だけ繰り返すことになりますから、次のようにしてrecipedataプロパティで取得できるデータを*ngForでループします（4行目）。

```
<tr *ngFor="let recipe of recipedata">
…データひとつ分の表示…
</tr>
```

レシピ名にはリンクを付けます。この処理はこれまでと同じです（5行目）。

```
<td>
    <a routerLink="/recipe-data/{{recipe.id}}">{{recipe.name}}</a>
</td>
```

そして「所用時間」と「キャチコピー」を表示します（8行目）。

```
<td>{{recipe.minute}}</td>
<td>{{recipe.feature}}</td>
```

最後に材料を表示します。材料はingreプロパティで取得できます。これは配列なので、次のようにして、さらに*ngForでループして表示します（10行目）。

```
<td>
    <span *ngFor="let item of recipe.ingre;">
      {{item.name}} 
     </span>
</td>
```

一部の材料だけを表示する

図10-2-1の実行結果を見るとわかりますが、横幅が長くて見づらいです。そこで、すべての材料を表示するのではなく、先頭から3つだけ表示するようにしたいと思います。

そのためにはrecipe.ingreを取得して、*ngForで繰り返し表示しているところで表示回数をカウントし、「3つ以上になったら表示しない」――というようにします。

具体的には、上記のプログラムを次のように修正します。すると**図10-2-2**のように、材料が3件しか表示されないようになります。

修正後

```
<td>
    <span *ngFor="let item of recipe.ingre;let i=index">
      <ng-container *ngIf="i<3">{{item.name}} </ng-container>
    </span>
</td>
```

この修正では「let i=index」という文を*ngForの部分に加えました。indexは繰り返している回数で、0から始まる値です。このようにすると、繰り返されるたびに変数iが0、1、2……という値となって増えていきます。

これを*ngIfで条件判定し、「*ngIf="i<3"」としています。この条件では、iが3より小さいとき、つまりiが0、1、2のときだけ実行されるので、先頭から3つだけが表示されます。

なお、ここで指定している「<ng-container>」という見慣れない要素は、Angularにおいて「何も表示しない要素」です。たとえば「鶏モモ」「にんじん」「たまねぎ」だとすると、

```
<ng-container> 鶏モモ </ng-container>
<ng-container> にんじん </ng-container>
<ng-container> たまねぎ </ng-container>
```

<ng-container>は表示されずに、

```
鶏モモ
にんじん
たまねぎ
```

のように、タグなしで表示されます。タグを表示させたくないときは、<ng-container>を使いましょう。

図 10-2-2　材料が3件しか表示されなくなった

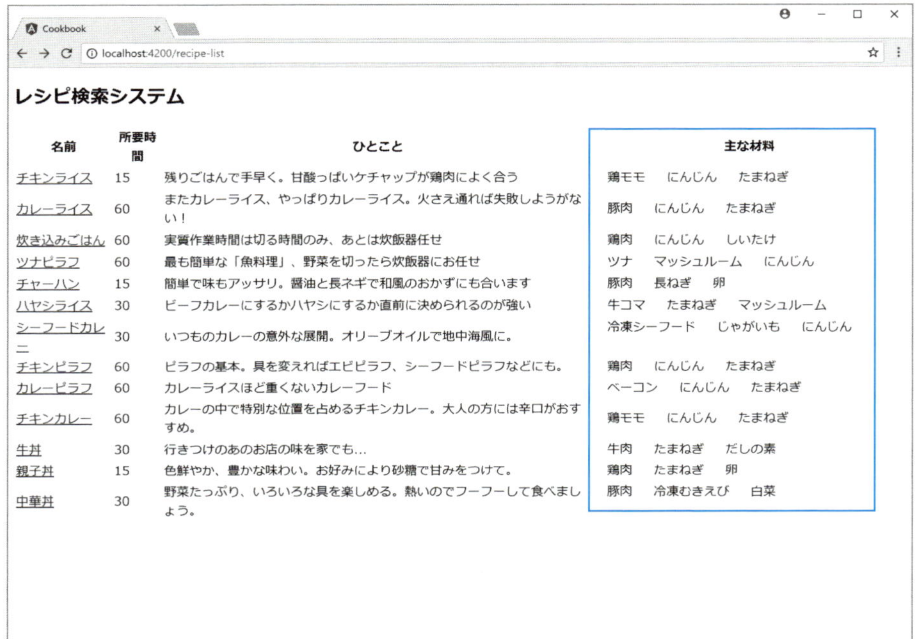

レシピ検索システム

名前	所要時間	ひとこと	主な材料
チキンライス	15	残りごはんで手早く。甘酸っぱいケチャップが鶏肉によく合う	鶏モモ　にんじん　たまねぎ
カレーライス	60	またカレーライス、やっぱりカレーライス。火さえ通れば失敗しようがない！	豚肉　にんじん　たまねぎ
炊き込みごはん	60	実質作業時間は切る時間のみ、あとは炊飯器任せ	鶏肉　にんじん　しいたけ
ツナピラフ	60	最も簡単な「魚料理」、野菜を切ったら炊飯器にお任せ	ツナ　マッシュルーム　にんじん
チャーハン	15	簡単で味もアッサリ。醤油と長ネギで和風のおかずにも合います	豚肉　長ねぎ　卵
ハヤシライス	30	ビーフカレーにするかハヤシにするか直前に決められるのが強い	牛コマ　たまねぎ　マッシュルーム
シーフードカレー	30	いつものカレーの意外な展開。オリーブオイルで地中海風に。	冷凍シーフード　じゃがいも　にんじん
チキンピラフ	60	ピラフの基本。具を変えればエビピラフ、シーフードピラフなどにも。	鶏肉　にんじん　たまねぎ
カレーピラフ	60	カレーライスほど重くないカレーフード	ベーコン　にんじん　たまねぎ
チキンカレー	60	カレーの中で特別な位置を占めるチキンカレー。大人の方には辛口がおすすめ。	鶏モモ　にんじん　たまねぎ
牛丼	30	行きつけのあのお店の味を家でも…	牛肉　たまねぎ　だしの素
親子丼	15	色鮮やか、豊かな味わい。お好みにより砂糖で甘みをつけて。	鶏肉　たまねぎ　卵
中華丼	30	野菜たっぷり、いろいろな具を楽しめる。熱いのでフーフーして食べましょう。	豚肉　冷凍むきえび　白菜

詳細ページを修正する

次に、「何人分か」「材料」を詳細ページに表示するようにしましょう。recipe-data.component.htmlを**リスト10-2-4**のように修正します。すると、**図10-2-3**のように表示されるようになります。

リスト 10-2-4　「何人分か」と「材料」を表示する（recipe-data.component.html） 

```
** レシピ詳細 **
<div *ngIf="recipe">
  <h2>{{recipe.name}}</h2>
<p>{{recipe.feature}}</p>
<table>
    <tr>
      <td>
```

```
          <img width="200" src="/assets/img/pict{{recipe.id}}.png"></td>
        <td>
          <b> 調理時間：</b>{{recipe.minute}} 分 <br><br>

          <b> 材料（{{recipe.serve}} 人分）:</b>
           <ul>
              <li *ngFor="let item of recipe.ingre">
                {{item.name}}  {{item.amount}}
              </li>
           </ul>

        </td>
      </tr>
    </table>
</div>
<button (click)="backToList()"> リストに戻る </button>
```


図 10-2-3 「何人分か」と「材料」が表示されるようになった

Section 10-3

検索機能を作る

JSONデータにして文字列として比較する

レシピのようなデータ構造を正確に検索するのは大変です。name、minute、feature、manner、serve、ingreなどたくさんのプロパティがあるので、すべてを検索しなければならないからです。とくに、ingreプロパティは配列なので、全検索は大変です。

しかし簡易的なものでよいのであれば、オブジェクトをJSON文字列に変換してしまう

図 10-3-1　JSON文字列にしてから検索する

たとえば変数recipeの中身

id	1
name	チキンライス
minute	15
feature	残りご飯で手早く。甘酸っぱいケチャップが鶏肉によく合う
manner	洋
serve	2
ingre	(下表)

順番	name	amount
0	鶏モモ	中1枚
1	にんじん	2/3本
2	たまねぎ	1/4個
3	ごはん	茶碗3
4	ケチャップ	カップ半分

ここから「ライス」が含まれているかを調べるとすると……

```
if((recipe.id.search(" ライス ")>=0||
(recipe.name.search(" ライス ")>=0||
(recipe.minute.search(" ライス ")>=0||
(recipe.feature.search(" ライス ")>=0||
(recipe.manner.search(" ライス ")>=0||…略…){
}
```

というように、全プロパティを検索しなければならない

↓

{id:1,name:" チキンライス ",minute:15, feature:" 残りご飯で手早く。甘酸っぱいケチャップが鶏肉によく合う ",manner:" 洋 ",serve:2,ingre][{name:" 鶏モモ ",amount:" 中1枚 "},{name:" にんじん ",amount:"2/3 本 "},{name:" たまねぎ ",amout:"1/4 個 "},{name:" ごはん ",amout:" 茶碗 3"},{name:" ケチャップ ",amount:" カップ半分 "}]}

→

```
if(JSON.stringif(recipe).search(" ライス ")>=0{
  …ライスが含まれている…
}
```

のように、変換した1つの文字列を検索するだけで済む

ただし「{」や「}」、プロパティ名である「id」「name」「minute」「feature」なども、検索に引っかかってしまうので、厳密に検索したいときは、この方法はうまくいかない

※searchメソッドは文字列を検索する関数です。このあと本文中で解説します

方法が簡単です。JSON文字列にすると、どのようなオブジェクトであれ、「{プロパティ：値, プロパティ：値…}」のような文字列になります。この文字列に対して「検索したいものが含まれているかどうか」を検索すれば、簡易的な検索を実現できます（**図10-3-1**）。

MEMO

この方式のデメリットはJSON文字列なので、「{」や「}」、「,」の文字を検索語句として入力すると、すべてのデータが検索条件に合致する点です。

検索機能を実装する

一覧のフォームに検索用のテキストボックスと［Search］ボタンを設け、［Search］ボタンがクリックされたときは、そのテキストボックスに入力された文字列を含むレシピだけを作るというのがこのSectionの目的です。

その機能を実現するために、次のように実装します（**図10-3-2**）。

❶ テキストボックスと検索用のボタンを用意する

一覧ページにテキストボックスと検索用のボタンを用意します。ボタンがクリックされたときは、コンポーネントの検索用のメソッドを実行するように構成します。このメソッドは❷で実装するもので、searchRecipeというメソッド名とします。このメソッドには、入力されたテキストを渡します。

❷ 検索機能を実装する

コンポーネントにsearchRecipeというメソッドを実装し、❶から実行可能なようにし、そこに検索機能を実装します。検索機能はこのsearchRecipeメソッドに実装するのではなく、サービスであるRecipeServiceのほうに実装し、それを間接的に実行するものとします。

検索した結果は、コンポーネントのreciptプロパティに設定します。テンプレートでは、このreciptプロパティの値を見て表として表示しているのですから、reciptプロパティの値を変更すればそれに伴い、表示されている表も変わります。

図 10-3-2　検索機能の実装概要

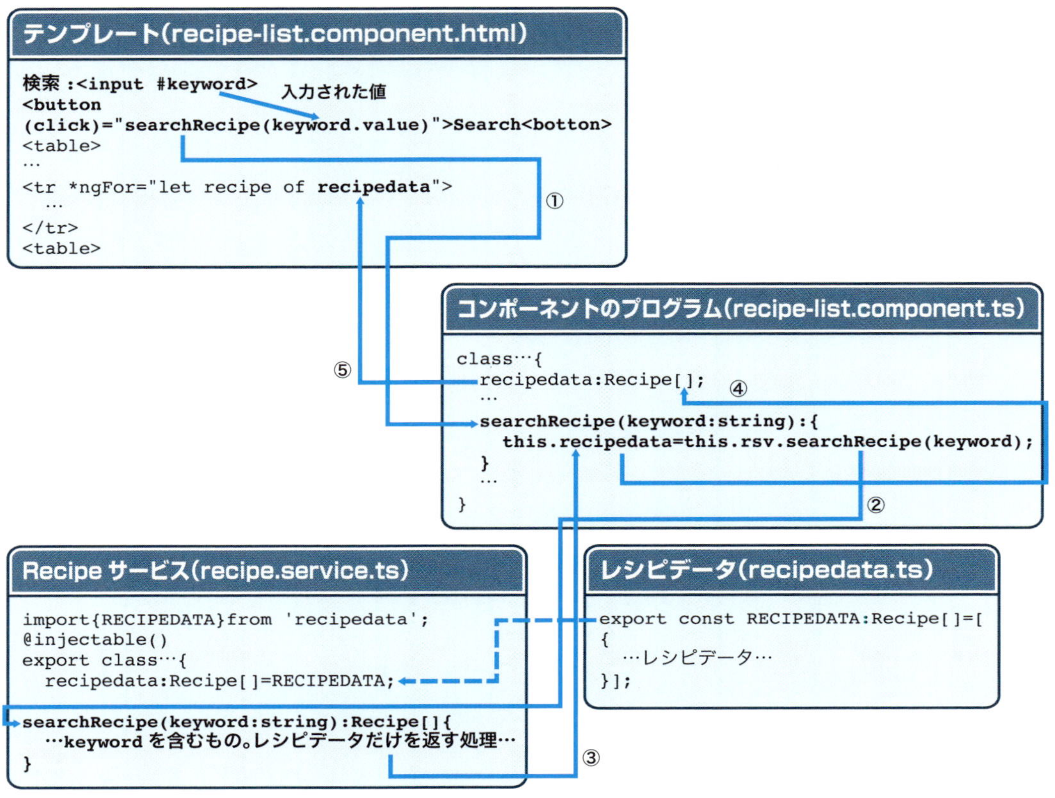

①[Search]ボタンがクリックされたとき、コンポーネントに実装した検索用のメソッドを実行するように設定する。括弧のなかには、検索テキストボックスに入力された値をキーワードとして渡す
②検索用メソッドでは、サービスに実装した検索機能を実行して、①で渡されたキーワードを含むレシピ一覧を取得する
③渡されたキーワードを含むレシピだけを取り出す処理をここに書く
④③で戻ってきた値は、recipedata プロパティに書き込む
⑤テンプレートでは、recipedata プロパティの値を表示しているので、④でキーワードを含むレシピデータに再設定されれば、それに伴い、画面も変わる

テンプレートに検索用のテキストボックスとボタンを付ける

では、順に作成していきましょう。まずは、一覧ページのテンプレートに検索用のテキストボックスとボタンを付けます。recipe-list.component.htmlを**リスト 10-3-1** のように変更してください。

リスト 10-3-1 では、検索のテキストボックスに「#keyword」と記述して、「keyword」という名前を付けています。このとき入力された値は、「keyword.value」のようにvalueプロパティで取得できます（3行目）。

```
<input #keyword size = "20" />
```

リスト 10-3-1 一覧ページに検索用テキストボックスとボタンを付ける (recipe-list.component.html)

```
<h2>レシピ検索システム</h2>
検索：
  <input #keyword size = "20" />
  <button (click)="searchRecipe(keyword.value)">Search</button>
<table>
    <tr><th>名前</th><th>所要時間</th><th>ひとこと</th><th>主な材料</tr>
    <tr *ngFor="let recipe of recipedata">
      <td>
        <a routerLink="/recipe-data/{{recipe.id}}">{{recipe.name}}</a>
      </td>
      <td>{{recipe.minute}}</td>
      <td>{{recipe.feature}}</td>
      <td>
          <span *ngFor="let item of recipe.ingre;let i=index">
            <ng-container *ngIf="i<3">{{item.name}} </ng-container>
          </span>
      </td>
    </tr>
</table>
```

そこで［Search］ボタンがクリックされたときには、このテキストボックスに入力された値をsearchRecipeメソッドに渡すようにしました（searchRecipeメソッドは、この段階ではまだありません。以下で作っていくメソッドです）。

検索機能を付ける

次に検索機能を付けていきます。

サービス側に検索機能を付ける

検索機能は、サービスであるRecipeServiceに実装します。RecipeServiceに「検索語句を渡すと、それを含むレシピ一覧を返す」という処理をするメソッドを実装します。ここではsearchRecipeというメソッド名とします（**リスト 10-3-2**）。

searchRecipeメソッドは、検索語句を括弧のなかに受け取るように構成しています。その名前はkeywordとしました。

```
searchRecipe(keyword: string): Recipe[] {
  …処理…
}
```

searchRecipeメソッドのなかでは、すべてのレシピを処理して、この検索語句に合致するものだけを取り出していきます。まずは合致したものを配列として返す変数を用意します。ここではresultArrという名前にしました。はじめ、この配列の中身は空です。

```
let resultArr: Recipe[] = [];
```

そしてfor文を使って全レシピをループ処理します。下記では、ループ中のそれぞれのレシピをrecipe変数で参照できるようにしています。ループのなかでは、このrecipeがキーワードに合致するかを調べる処理をします（11行目）。

```
for (let recipe of this.recipedata) {
  …ループ処理…
}
```

キーワードに合致するかを調べるため、まずはレシピのオブジェクトをJSON文字列に変換します（12行目）。

```
let dataStr = JSON.stringify(recipe);
```

そして、このJSON文字列のなかに、検索語句が含まれるかどうかを調べます。文字列中に特定の文字列があるかどうかは、searchメソッドで調べます。もし文字列が含まれているときは、その位置が返されます。この値は必ず0以上になります。含まれていないときは-1という値になります。そこでキーワードに合致するかどうかは、次のようにして調べられます（13行目）。

```
if (dataStr.search(keyword) >= 0) {
    …キーワードに合致している…
}
```

キーワードに合致しているときは、先に用意したresultArr変数にこのレシピのオブジェクトを追加します。配列のなかに値を追加するにはpushメソッドを使います（14行目）。

```
resultArr.push(recipe);
```

このように処理することで、resultArrにはキーワードに合致するレシピ群がたまっていきます。最後にこの値を返せば、キーワードに合致したレシピ群たけが、このメソッドから返されます（18行目）。

```
return resultArr;
```

リスト 10-3-2 検索機能を持つsearchRecipeメソッドを実装する (recipe.service.ts)

```
…略…
 @Injectable()
 export class RecipeService {
…略…
  getRecipe(id:string):Recipe{
    return this.recipedata.find(recipe=>recipe.id.toString()==id);
  }
  searchRecipe(keyword: string): Recipe[] {
    let resultArr: Recipe[] = [];

      for (let recipe of this.recipedata) {
          let dataStr = JSON.stringify(recipe);
          if (dataStr.search(keyword) >= 0) {
              resultArr.push(recipe);
          }
      }

    return resultArr;
  }

}
```


コンポーネント側から検索機能を実装する

次にいま作成した検索機能を実行して、キーワードに合致したものだけを探す機能をコンポーネント側に実装していきます。recipe-list.component.tsファイルを開いて、**リスト10-3-3**のように修正してください。

実装したのはsearchRecipeメソッドです。18行目のようにRecipeServiceに実装したsearchRecipeメソッドを実行することで、キーワードに合致するものを取得し、それをthis.recipedataに設定しています。

テンプレートでは、this.recipedataをループ処理して一覧表を作成しているので、この処理に伴い、入力したキーワードに合致するものだけに絞り込まれます。たとえば「ライス」で絞り込むと、「チキンライス」や「カレーライス」など、ライスを含むものだけが表示されます（**図10-3-3**）。

リスト 10-3-3 コンポーネント側に検索機能を実装する (recipe-list.component.ts)

```
1 import { Component, OnInit } from '@angular/core';
2 import {Recipe} from '../recipe/recipe';
3 import {RecipeService} from '../recipe.service';
```

```

@Component({
  selector: 'app-recipe-list',
  templateUrl: './recipe-list.component.html',
  styleUrls: ['./recipe-list.component.css']
})
export class RecipeListComponent implements OnInit {
  recipedata:Recipe[];
  constructor(private rsv: RecipeService) { }

  ngOnInit() {
    this.recipedata = this.rsv.getRecipedata();
  }

  searchRecipe(keyword:string){
     this.recipedata = this.rsv.searchRecipe(keyword);
  }

}
```

図 10-3-3　キーワードに合致するものだけが表示されるようになった

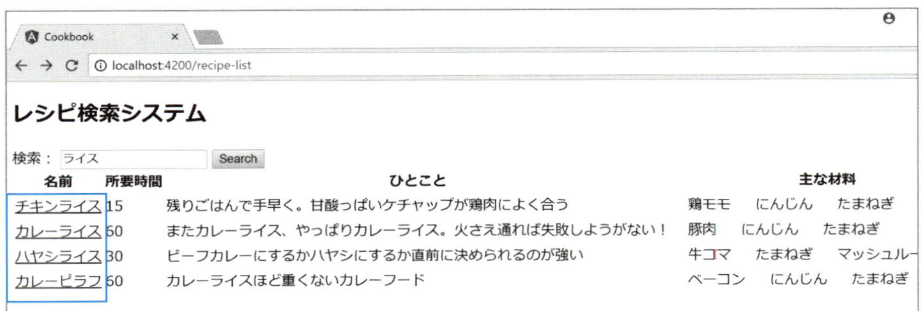

COLUMN

リンク先から戻ったときに テキストボックスの内容が消えないようにする

実際に操作してみるとわかりますが、検索して絞り込んでから詳細ページに移動し、ふたたび元のページに戻ると、入力したテキストは消えています。

もしテキストを消したくないのなら、入力された値を保存しておき、戻ったときに復帰するように作ります。それにはいくつかの方法がありますが、サービスとなるオブジェクトのプロパティとして保存するのが比較的簡単な方法です。

まずは、recipe.service.tsに、次のようにcurrentValueという変数を追加します（変数名は何でもかまいません）。

```
…略…
export class RecipeService {
  recipedata:Recipe[]=RECIPEDATA;

  currentValue:string = '';
…略…
}
```

そしてrecipe-list.component.tsで検索するごとに、このcurentValueに入力されたキーワードを設定するように構成します。また、このcurrentValueの値を返すメソッドも実装しておきます。

```
…略…
export class RecipeListComponent implements OnInit {
…略…
  searchRecipe(keyword:string){
    this.recipedata = this.rsv.searchRecipe(keyword);
    this.rsv.currentValue = keyword;
  }

  getCurrentValue() {
    return this.rsv.currentValue;
  }

}
```

最後にテンプレートとなるrecipe-list.component.htmlのテキストボックスを次のように、getCurentValueメソッドの値を設定するように構成します。そうするとこの場所に、前回保存しておいたテキストの値が表示されるようになります。

```
検索：
  <input #keyword size = "20" [value]=getCurrentValue()/>
  <button (click)="searchRecipe(keyword.value)">Search</button>
```

ここでは簡単にしか説明しませんが、ページ間で何か値を受け渡したいときにはサービスとなるオブジェクトに変数などを設けて、そこに保存してやりとりするというのはよく行われるテクニックです。

Chapter10のまとめ

この章では、ページの検索方法を説明してきました。

❶ サービスオブジェクトを導入する

データを管理するためには、サービスオブジェクトを作ります。そのサービスオブジェクトに検索などのメソッドを実装して、コンポーネントから呼び出すことで、検索機能を実装します。

❷ <ng-container>で要素なしの出力になる

要素なしで繰り返しの出力をしたいときは、*ngForでループのときに<ng-container>を使います。

❸ ループのインデックス

*ngForを使ってループ処理するときにindexを指定すると、ループ回数を取得できます。

```
<span *ngFor="let item of recipe.ingre;let i=index">
  <ng-container *ngIf="i<3">{{item.name}} </ng-container>
</span>
```

ここまでで、Angularのプログラミングの話は、ほぼ終わりです。

最終章となるChapter11では、作成したアプリケーションをインターネットのレンタルサーバなどに乗せるときに、どのようにしなければならないのかを説明していきます。

Webサーバで動かす

これまでAngularを使ってアプリケーションを作ってきました。最終章では、作成したアプリケーションをWebサーバにコピーして動かせるようにする方法を説明します。

Section 11-1

Webサーバで動かすには

いままでは、コマンドラインやWindows PowerShellなどから「ng serve --open」と入力して、Angularがもつ内部Webサーバを使って、アプリケーションの動作確認をしてきました。この方法では、レンタルサーバなどのWebサーバに作ったアプリケーションを配置することはできません。なぜなら、TypeScriptからJavaScriptへのコンパイルが、この内部サーバによって行われているからです。

TypeScriptはコンパイルしてJavaScriptに変換することで、Webブラウザで動作します。これまでコンパイルしなくても済んだのは、内部サーバ――「ng serve --open」が、その処理をしていたからです。

レンタルサーバなどのWebサーバで動かすためには、プロジェクトのファイル群を、JavaScriptファイルとそれを呼び出すHTMLファイルに分ける必要があります。この作業を「ビルド」と言います（**図11-1-1**）。逆に、元のTypeScriptファイルは不要です。

図 11-1-1　レンタルサーバなどのWebサーバで動かすために必要な操作

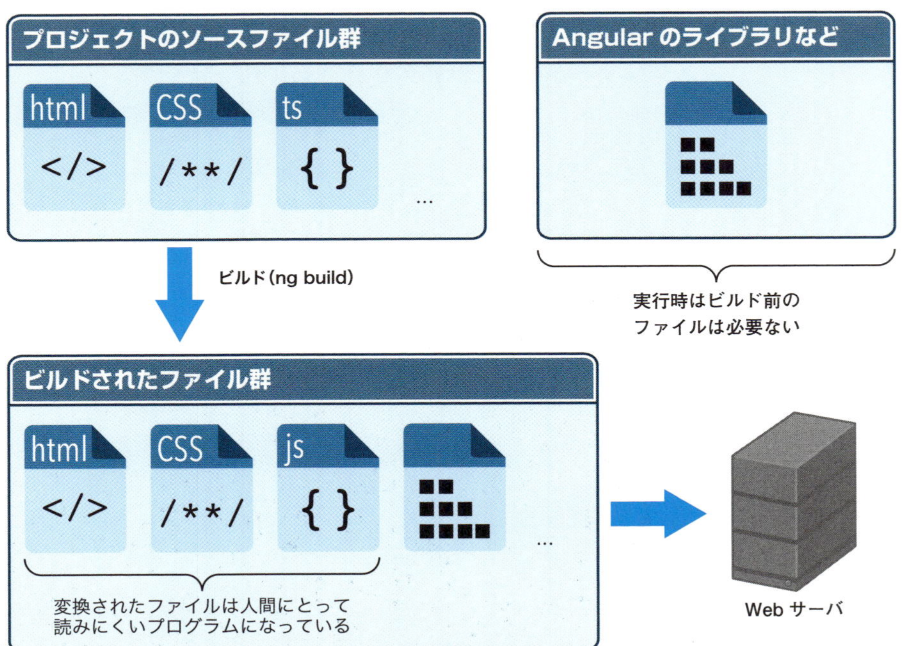

ビルドする

ビルドするには「ng build」というコマンドを使います。すると、レンタルサーバなどに配置するのに必要となるファイル一式を作れます。

ビルドには、2つのモード（様式）があります。「developmentモード（開発モード）」と「production（実稼働モード）」です。

❶ developmentモード

開発に使うモードです。元のTypeScriptのファイルを維持するように変換します。sourcemap（ソースマップ）ファイルと呼ばれるデバッグ用のファイルを作成し、Webサーバに配置した状態で、ソースを確認しなからデバッグできます。

❷ productionモード

本番稼働に使うモードです。不要なコードを排除し、ファイルサイズが小さく、また実行効率が良くなるように調整されます。

プロジェクトをビルドしてみる

では実際に、ビルドしてみましょう。ここでは、前章で作成したcookbookプロジェクトをproductionモードでビルドしてみます。

コマンドプロンプトやWindows PowerShell、ターミナルを開き、cookbookフォルダをカレントディレクトリにし、次のコマンドを入力します。「--prod」はproductionモードにするためのオプションです。もし、このオプションがないと、developmentモードになります。

```
ng build --prod
```

ビルドが終わると、プロジェクトフォルダ内に「dist」というフォルダができます。このフォルダの中身が、ビルドしたファイル一式です。Webサーバで動かすには、このフォルダの中身一式だけが必要です。それ以外のファイルは必要ありません。たとえば、distディレクトリのなかには、index.htmlファイルのほか、各種JavaScriptファイルが格納されています。

productionモードでビルドした場合、distディレクトリに生成されるファイルは人間にとって非常に読みにくいものになっています。たとえば、JavaScriptのファイルは次の通りです。ビルドしたファイルを編集しようとか、読もうなどとは考えないほうがよいです。

```
webpackJsonp([1],{"+3/4":function(t,e,n){"use strict";n.
d(e,"a",function(){return o});var r=n("TToO"),o=function(t){function
e(e){t.call(this),this.scheduler=e}return Object(r.b)(e,t),e.
create=function(t){return new e(t)},e.dispatch=function(t){t.subscriber.
complete()},…
```

Webサーバ経由で実行してみる

では本当に、このdistフォルダの中身だけあれば、実行できるのでしょうか？　試してみましょう。

もし皆さんが、レンタルサーバなどを借りているのなら、distフォルダの中身をレンタルサーバにコピーして試すとよいのですが、ここではNode.jsで実装されているWebサーバをインストールして動作確認することにします。

Node.js製のWebサーバをインストール

AngularはNode.js環境で動くわけですが、Node.js環境で動作するWebサーバとして「http-server」というソフトウェアパッケージがあります。Angularを動かすためにNode.jsはすでにインストールされているので、http-serverはWebサーバを試すのにうってつけです。

実際にインストールして試してみましょう。http-serverはコマンドプロンプトやPowerShell、ターミナルから次のコマンドを入力することでインストールできます（実行するフォルダは、どこでもかまいません）。

```
npm install -g http-server
```

Webサーバを動かすには、Webサーバで公開したいファイル群が置かれているフォルダをカレントフォルダにして、「http-server」というコマンドを入力します。ここでは、公開したいファイル群が置かれているフォルダは、ビルドすることで作られたdistフォルダです。そこで、distフォルダをカレントフォルダにして、次のコマンドを入力してください。

```
http-server
```

するとWebサーバが起動して、カレントフォルダの中身が公開されます（**図11-1-2**）。ポート番号は、デフォルトでは「8080」です。自動的にブラウザが起動することはないので、ブラウザに「http://localhost:8080/」と入力してアクセスしてみてください。cookbookアプリが起動するはずです（**図11-1-3**）。

図 11-1-2　distディレクトリをカレントフォルダにして「http-server」を実行する

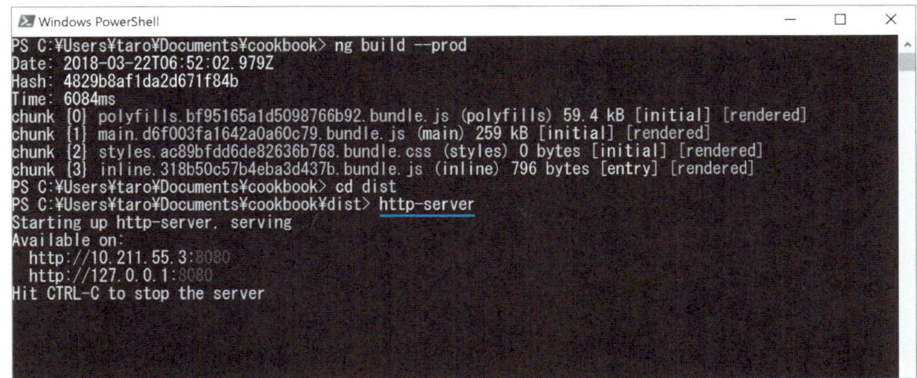

図 11-1-3　cookbookアプリが起動した

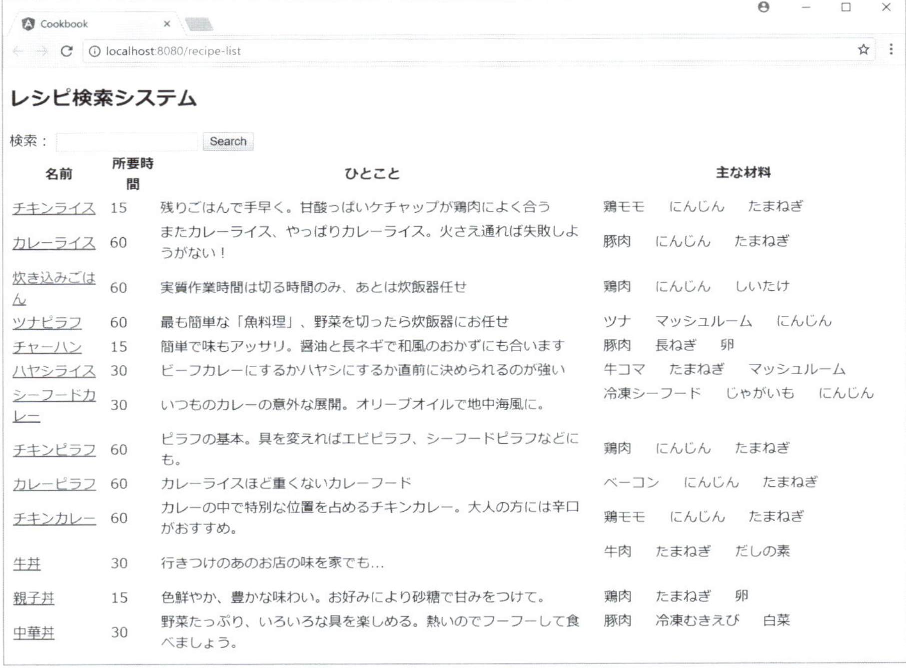

サブディレクトリに公開する

Angularで作ったアプリケーションは、「http://サーバ名/」のように「/」から始まるURLが割り当てられることを前提としています。

レンタルサーバを借りている場合には、「http://サーバ名/ユーザー名/」というURLが割り当てられることもあります。また、cookbook以外のアプリを提供したい場合は、cookbookアプリは「http://サーバ名/cookbook/」、別のsomethingというアプリは「http://サーバ名/something/」というように、URLのパスを割り当てたいことがあるかもしれません。

その場合は次のようにします。下記では、アプリを「http://サーバ名/cookbook/」で公開したい場合の操作です。

なお下記の修正は、ビルド後のdistディレクトリの中身のファイルではなく、ビルド前のapp/srcフォルダにある、各種ファイルのことを指しています。

❶ index.htmlのbaseを修正する

index.htmlを開き、「<base href="/">」の部分を次のように修正してください。

変更前

```
<base href="/">
```

変更後

```
<base href="/cookbook">
```

❷ bhオプションを付けてビルドする

「ng build」でビルドするときに、「--bh」というオプションを付けて実行します。「bh」は「base-href」の略です。

```
ng build --prod --bh /cookbook/
```

Chapter11のまとめ

この章では、作成したAngularアプリをWebサーバで運用するための方法を説明しました。

❶ ビルドする

Webサーバで運用するには、ビルド操作が必要です。ビルドには、developmentモードとproductionモードがあり、本番環境で利用するには、productionモードを使います。

```
ng build --prod
```

❷ distフォルダのコピー

ビルドすると、distフォルダに実行に必要なファイル一式が作られます。これをWebサーバにコピーすれば動きます。

本書では、ここまで、Angularアプリの開発から、実際にWebサーバで動かすところまでを説明してました。

例示したサンプルは、話をわかりやすくするため、できるだけシンプルなものとしましたが、実用的なAngularアプリの作り方も、本書で説明してきた構造と大きく変わることはありません。実用的なAngularアプリは、画面数（コンポーネント数）が多かったり、複雑なデータ処理をしているという違いだけです。Angularアプリを作るのに必須となることは、ほぼ網羅したつもりです。

クライアントサイドのプログラムを作るとき、Anguarは本当に便利です。

是非、皆さん、本書を読んだだけで終わりとせず、Angularを使って、一度、実際にアプリを作ってみてください。

INDEX

い

え

く

け

こ

さ

し

た

ち

て

と

に

は

ひ

ふ

へ

ほ

ま

も

ら

り

る

ろ

おわりに

Angularにはじめて触れたとき、それはとても大げさで面倒くさいと感じました。新しい概念を学習しなければならないだけでなく、Node.jsやTypeScriptなど、開発のための準備も必要で、仰々しくて手軽に始めにくいものだと思ったからです。

しかし、そんな仰々しさを超える魅力が、Angularにはあります。それは、処理を決まった書式で書くだけでよいため、誰がプログラムを書いてもミスが少なく、品質の高いWebアプリを作れることです。本書では説明しませんでしたが、Angularでは、開発したプログラムの動作を確認するテストの手法も確立されているので、不具合がないかどうかの確認がしやすいのも特徴です。

こうしたメリットは、開発するシステムの規模が大きいほど、恩恵も大きくなります。本書のサンプルはどれも短いので、Angularの仕組みは見えても、そこまでのメリットが見いだせなかったかも知れません。しかし、最初はそうだとしても、ある程度、規模が大きな開発をするようになれば、Angularの大きな魅力にきっと気づいていくことでしょう。是非、本書で学んだ知識を活かして、実用的なWebシステムを作ってみてください。

なお本書の執筆に当たりましては、テクニカルライターの清水美樹様に、多々のご協力・ご助言を頂きました。本書のサンプルやレシピで使われている料理の絵は、清水様によるものです。この場を借りて、御礼申し上げます。

2018年3月　大澤文孝

著者紹介

大澤 文孝（おおさわ ふみたか）

テクニカルライター。プログラマー。情報処理技術者（情報セキュリティスペシャリスト、ネットワークスペシャリスト）。雑誌や書籍などで開発者向けの記事を中心に執筆。主にサーバやネットワーク、Webプログラミング、セキュリティの記事を担当する。近年は、Webシステムの設計・開発に従事。

●主な著書

「いちばんやさしい Python 入門教室」(ソーテック社)、「ちゃんと使える力を身につける Webとプログラミングのきほんのきほん」(マイナビ)、「Amazon Web Servicesネットワーク入門」(インプレス)、「Amazon Web Services クラウドデザインパターン実装ガイド」(日経BP)、「UIまで手の回らないプログラマのためのBootstrap 3実用ガイド」(翔泳社)、「TWE-Liteではじめるカンタン電子工作」(工学社)。

Angular（アンギュラー） Webアプリ開発 スタートブック

2018年4月20日　初版　第1刷発行

著　　者　大澤文孝
装　　丁　平塚兼右（PiDEZA Inc.）
発 行 人　柳澤淳一
編 集 人　久保田賢二
発 行 所　株式会社ソーテック社
〒102-0072　東京都千代田区飯田橋4-9-5　スギタビル4F
電話（注文専用）03-3262-5320　FAX 03-3262-5326
印 刷 所　図書印刷株式会社

Printed in Japan
ISBN978-4-8007-1197-7